智元微库
OPEN MIND

成长也是一种美好

我与我

内在小孩的觉知与成长

冰千里 著

人民邮电出版社

北京

图书在版编目（CIP）数据

我与我：内在小孩的觉知与成长 / 冰千里著.
北京：人民邮电出版社，2025. -- ISBN 978-7-115
-65890-6

Ⅰ．B84-49

中国国家版本馆 CIP 数据核字第 2025J1R308 号

◆ 著　　冰千里
　责任编辑　陈素然
　责任印制　周昇亮
◆ 人民邮电出版社出版发行　　北京市丰台区成寿寺路 11 号
　邮编 100164　　电子邮件 315@ptpress.com.cn
　网址 https://www.ptpress.com.cn
　文畅阁印刷有限公司印刷
◆ 开本：880×1230　1/32
　印张：8.375　　　　　　　　2025 年 2 月第 1 版
　字数：193 千字　　　　　　 2025 年 2 月河北第 1 次印刷

定　价：59.80 元

读者服务热线：（010）67630125　印装质量热线：（010）81055316
反盗版热线：（010）81055315
广告经营许可证：京东市监广登字 20170147 号

生活的邀请函（节选）^①

奥雷阿（Oriah）

我不在乎你如何谋生，

只想知道

你有何渴望，

是否敢追逐

心中梦想。

我不关心你年方几何，

只想知道

面对爱情和梦想，

你是否会无所保留，

像个傻瓜般

投入得透彻。

生命的背叛，

在你心口上划开缺口，

热情逐日消减，

---

① 引用自中央电视台《朗读者》第二季，朗读者为导演宁浩。

恐惧笼罩心田，

我想知道，

你能否和伤痛共处，

用不着掩饰或刻意忘却，

更别把它封堵。

我想知道，

你能否和快乐共舞，

翩翩起舞，无拘无束，

从嘴唇，到指尖，

到脚指头，都把热情倾注。

这一刻，

忘记谨小慎微、现实残酷，

忘记生命的束缚。

我想知道，

你能否

从每天平淡的点滴中

发现美丽，

能否从生命的迹象中

寻找到自己生命的意义。

我想知道，
你能否坦然面对失败
——你的或者我的。
即使失败，
也能屹立湖畔，
对着一轮银色满月呼喊：
"我可以！"

我想知道，
当悲伤和绝望整夜踯躅，
当疲倦袭来，
伤口痛彻入骨，
你能否再次爬起来，
为生活付出。

我不关心你认识何人，
为什么在此处。
我想知道，

生命之火熊熊燃烧时，

你是否敢和我一起，

站在火焰中央，

凛然不怵。

我不关心

你在哪里受什么教育，

我想知道，

当一切都背弃了你，

是什么将你支撑着前行。

我想知道，

你是否经受得住孤独，

空虚时，你是否真正热爱独处。

觉知并疗愈内在小孩，对缓解痛苦切实有效

我从未像现在这样喜欢自己，因为我正在过上一种**自己说了算的人生**，这感觉真棒！

这感觉总体可描述为：不再被外来之物控制，无论是学历证书、金钱权力，还是社会角色。在人格上不再依附于一段关系、一个团体、一个组织。不再被道德绑架，不再受愧疚折磨，不再过度承担，不再悲壮地对抗，不再为恐惧而自证，不再盲从与妥协，不再为任何一种观念折腰，不再被过去限定。正如露易丝·海（Louise Hay）所说："**我爱现在的自己，我用爱拥抱我的内在小孩。我愿意打破自己的限制。我为自己的人生负责，我是自由的！**"

许多年前，我不是这样的。那时，我深陷内耗、焦虑、抑郁，对自己有很多不满。为了避开那个糟糕的自己，我把全部精力消耗在了对外证明上。无论是在人际关系、亲密关系中，还是在工作、金钱、社会地位上，我抵御着被羞辱的风险，只为看起来更强大。我悲壮地狂欢以抵抗无尽的孤单，我戴着厚重的面具四处奔走，我元气大伤，却还要继续自证……那时的我对"爱自己""向内看"这类说法毫不在意，完全感受不到内在小孩的存在，更不知觉知为何物。

直到后来，我拼命构建起来的虚假世界接二连三地轰然倒塌，我像个可怜的孩子站在废墟上茫然四顾。绝望幻化成闪电击中了心灵，**我开始苏醒！**我开始看见内在小孩！之后的故事我称为**"重生"**，我做到了，用了十年。十年不是一个分水岭，更不是一个终点站，我也不是一下就改变了，而是夜以继日、每分每秒如河水般汩汩流淌，慢慢冲洗着各类暗物质。多年的微妙转化，成就了今天的我。

我曾无数次在梦里听见同一个声音："这是你的内在小孩，你看见了吗？你究竟看见了没有？"每每醒来，我总会泪流满面。现在，我会有意识地在任意时刻停下手头的事情，像在梦里那样问自己：**"今天，我看见我的内在小孩了吗？"而这也正是本书期待让你养成的日常觉察习惯！**

我没有停下脚步，而是不断通过写作、咨询、课程去感染他人——那些与我一模一样的生命。我没有任何要强行改变他们的想法，只是根据自己多年的成长经验提供一个参考，就像我时常对来访者讲的一句话：**"在成长的途中，我要发出一个微弱的声音，让你知道在任何境遇下，人绝不只有一种选择！"**我的目标越来越明确，那就是帮助更多人觉知并疗愈内在小孩。

疗愈绝非空穴来风，我长达10余年10 000多小时的个案咨询经验，以及我带领的多期内在小孩训练营与成长团体，一再证明了"觉知并疗愈内在小孩"对缓解痛苦是切实有效的。上万名学员与来访者就像上万面镜子，照见了一个事实：**养成觉知内在小孩的习惯**可以让自我更舒展、让关系更和谐、让生活更放松。这个过程是渐进的、可见的、充满体验感的，觉知内在小孩是一种操作性极强的疗愈技术。

这本书我认真写了两年，反复推敲、实践和修正。**它是我疗愈内在小孩所有思想的精华，也是我的代表作。特别希望这本书能为你所用，成为你的陪伴者与见证者。**你读的不仅仅是我的思想，更是你本人内在小孩所有的感受。为了让你深刻理解，书中会穿插诸多案例故事，这些故事的主人公均为化名，故事也都经过了改编，请勿对号入座。还穿插了一些简单实用的练习，这些练习非常重要，会让你真切感受到内在小孩的存在。

本书也特别适合心理学从业者，无论你是心理咨询师还是心理治疗师，它都可以启发你掌握"与来访者内在小孩工作的思路"，有助于你建立深度联盟，让你更能"接得住"来访者的负面情绪，从而提升治疗效果。同时，有助于广大心理学从业者不断觉知自己的内在小孩，避免因自己的内在情结影响咨询进程。

我深信每个人的内在小孩都有一股力量，它顽强地引领我们走向健康的身体、滋养的关系、满意的事业，并带来精神富足。而我们需要做的就是坚持觉知内在小孩的生命力量。

冰千里

2024 年 5 月 15 日，于山东淄博

前言

—

疗愈并非一蹴而就，
对自己耐心一点

当内在小孩出来的那一刻，你是如何对待他的?

这句话中的**"内在小孩"**既包含原初内在小孩、创伤内在小孩，也包含功能自我，因为功能自我就像个大孩子。这就是本书第一部分"探索内在小孩"的全部内容，包含导致内在小孩受伤的三大原因以及形成的四种人格。

这句话中的**"出来"**则代表第二部分"觉知内在小孩"的全部内容。即通过六种途径（情绪、关系、身体、性、幻想与念头、梦）来觉知内在小孩，当你随着所有练习联结到内在小孩时，就代表你的内在小孩"出来了"。

这句话中的**"那一刻"**代表某种时效性，也就是第二部分谈到的"后知后觉、当下觉知、先知先觉"。

这句话中的**"如何对待他"**的意思就是如何疗愈他。这就是第三部分的全部内容，包含态度与具体方法。故此，疗愈内在小孩就是这三大部分的具体整合，缺一不可。

疗愈步骤如下。

第1步：探索自己内在小孩受伤的类型，比如被捆绑的或被忽视的。

第 2 步：弄清自己的功能性人格，比如回避型人格或顺从型人格。

第 3 步：学会使用六种途径觉知内在小孩，比如用关系和情绪来觉知。

第 4 步：切实体验和内在小孩联结是什么感觉，并找到与你匹配的疗愈方式，比如心灵书写、梦的日记、与内在小孩对话、正念练习、觉知反转等。

第 5 步：反复练习、反复实践、反复体会，把它变成你的自动思维与日常习惯。

接下来，你需要的就是对自己耐心一点儿，再耐心一点儿。

目 录

第二部分　觉知内在小孩

第三部分　疗愈内在小孩

第一部分
探索内在小孩

第一章

内在小孩具象化

第一节　什么是内在小孩

我所描述的内在小孩是一种"意象"，是你想象出来的"自己"。内在小孩分为两种状态：一种叫"原初内在小孩"，一种叫"创伤内在小孩"。

原初内在小孩就像田野里的一棵小树，只要有土壤、水分、阳光，就会茁壮成长。他会沐浴阳光，享受养分，扬长避短，长成任何他想长成的样子——**原初内在小孩就是"一切自然生长的存在"，是自己生命原本的样子。**原初内在小孩有时也很"孩子气"。比如有点淘气天真、有点爱耍脾气。这会让你觉得自己好幼稚、好傻、好奇怪、好蠢、好没礼貌……但要善待这个"原初内在小孩"，正因为他，你才不断去克服困难，去疗愈和成长。

原初内在小孩的成长力量

菲菲是位命运多舛的女性，从小父母离世，跟着年迈的奶奶长大，遭受过亲戚的白眼与同学的欺凌。她曾多次陷入抑郁，但从未放弃希望。菲菲认为人活着都有自己的使命和意义。于是她接受并哀悼丧失，即便深陷困境也坚持读书，从阅读中获取了大量的精神食粮，养成了不屈的个性。在我为她做心理咨询的四年中，我印象最深的就是她的觉察和反思，每次咨询中的领悟都会被运用到这一周的任何事务中，在下次咨询时，她会与我分享自己觉察的一切，并大量使用心灵书写与自己的内在小孩对话。在她身上我看见了"原初内在小孩"巨大的能量，用她自己的话来说："那些没有杀死我的伤痛，最终成就了我的今天，我喜欢这样一直成长的自己！"

而"创伤内在小孩"就是有过创伤体验与创伤经历的自己。就好像一棵小树被强行从田野中拔出来，历经路程颠簸，被指定一个位置栽下，被随意修剪。有时，人们还会用铁丝绑在小树身上塑形，只为让它长成人们喜欢的样子……而原生家庭、养育者的态度、养育者之间的关系，以及过往的经历就是"小树"的水分、土壤、阳光。如果养育环境有太多铁丝网与铲土机，就会对孩子造成各类创伤，形成"创伤内在小孩"。人们对待创伤内在小孩的态度通常是"隐藏和掩饰"。

创伤内在小孩的破坏性与被隐藏

梁女士是一位优秀的研发中层，几乎年年被评为优秀主管，拿到不菲的奖金。可外人不知道的是，梁女士十分焦虑、内耗。她怕产品有瑕疵不合格，怕把任务搞砸，怕客户、领导不满意，怕被同事同行取笑……只有梁女士知道在自己光鲜优秀的背后，藏着一个脆弱的自己，就像个紧张的小女孩。

有一次，领导把梁女士叫到办公室，说有个方案评价不像往常那么好，需要改进。那一刻，尽管领导说话并不严厉，梁女士还是感到受了很大的羞辱，脑袋有点发蒙，手心全是汗，好像做了一件天大的错事，在等待被惩罚。她迅速应了一声跑进洗手间，看周围没有人，便狠狠扇了自己一耳光，责怪自己不争气，觉得糟透了。过了好一会儿，她才缓过神，洗了脸补了妆，对着镜子微笑了一下，抬头走出了洗手间，让同事们再次看到了那位自信、阳光的梁女士。

梁女士的故事充分展现了人们是如何隐藏创伤内在小孩的。当然，隐藏和掩饰也是对内在小孩的保护。

关于创伤内在小孩，有位学员说道："我的内心存在着自己都不曾知晓的密室，不想也不愿打开它，因为这里面藏着一个丑陋的，充满屈辱感、羞耻感的，脆弱不堪的自我，永远不想让任何人看见。我用愤怒、指责掩盖，阻止自己看到这个瑟瑟发抖、脆弱不堪的自我。只是每经历这样一次保护"内在自我"的战斗，我都觉得疲惫不堪，好像拼尽了全力、耗尽了所有能量，却只能维持表面上虚假的平静。每次回忆童年，除了少许温暖，更多的是面对父母无休止的争吵和被老师嘲笑的经历，其他的总感觉一片空白，久久难以平静，充满无法言说的悲伤。我不知道能否有勇气卸下心灵的盔甲，直视内心，但我想努力去尝试看到伤痛背后的根源。"我被他这段话深深触动，这就是创伤内在小孩最直观的表达！（本书所谈及的内在小孩，没有特殊指明的，都是"创伤内在小孩"。）

第二节　给内在小孩取个名字

内在小孩的核心价值

创伤内在小孩为什么叫"小孩",而不直接叫创伤呢?有两个原因。

第一,创伤出来那一刻,你就是一个孩子。就像梁女士"脑袋发蒙,手心全是汗,像做了一件天大的错事,在等待被严厉惩罚"——像一个做错事等待家长批评的小女孩,也很像一个没达到父母要求而羞愧自责的女孩。在你的内在小孩出来的那一刻,你就不再是一个成年人,不再具备成年人的思维方式,你的思维、行为、情绪就像孩子。

第二,"小孩"这个词具有某种天然吸引力,更容易激活保护欲和拯救欲。比如当一个 2 岁的孩子哭闹、大声叫嚷,把泥巴弄满身、把盘子打碎、把自己摔倒,甚至抓你挠你时,比起成年人,你会更容易去宽容他。当这个小孩委屈难过或被欺负时,比起成年人,你更容易去关心他、保护他。故此,**内在小孩的核心价值就是让你像对待一个小孩那样去原谅自己、接纳自己、关爱自己、保护自己。**

给内在小孩取名

"内在小孩"是个心理学术语，人人都可以叫，你需要给自己的内在小孩取个名字。取你喜欢、投入情感的，这是取名的唯一标准。

一位妈妈扶起不小心摔倒大哭的儿子，一边抱着他给他擦眼泪，一边心疼地说："皮皮不哭，皮皮乖啊，皮皮磕疼了吧，妈妈在呢，皮皮别怕。"妈妈说完这些话，那个叫皮皮的2岁左右的小家伙就破涕为笑，继续玩去了。

当妈妈的温柔与怜爱集中到了"皮皮"这个名字上时，皮皮居然不疼了——这就是要给内在小孩取名的意义，好像那一刻多了一个心疼自己的爸爸妈妈。试想前文中那位梁女士，如果她的内在小孩叫"妞妞"，如果她对自己说"妞妞别怕，我会陪在你身边""妞妞，你已经尽力了""妞妞，这不是你的错"，或许，那个耳光就不会打下去了。

给内在小孩取名字可以用叠音，比如秀秀、贝贝、亮亮等；可以前面加个"小"字，如小慧、小冰、小燕等；可以直接叫宝宝、乖乖；可以用自己的乳名、网名、笔名之类……总之，只要充满感情就可以。

第三节　内在小孩替代物

有了替代物，就可以安放负面情绪

小渔的父母性格急躁，除了彼此吵架，也会打骂小渔。小渔5岁生日那天，奶奶送她一个泰迪熊玩偶，小小的眼睛，长长的绒毛，灰色的小身体柔软可亲，让人怜惜，就像她自己。小渔给它取名叫"敦敦"。每次被父母打骂时，她就会跑进卧室抱起敦敦，向它诉苦，有时也会把敦敦摔在地上，就像父母对待自己一样。不过很快她就把敦敦抱在怀里，轻轻抚摸它，嘴里还一个劲儿地道歉："敦敦，妈妈错了，对不起，妈妈不该对你这么凶。""敦敦，我们一起睡吧，以后没人敢欺负我们了。"……伴随着与敦敦在一起的时光，小渔也从5岁的女孩变成了15岁的大姑娘，父母的关系也缓和了。但小渔每晚的习惯却没变，还会搂着敦敦入睡，有了心事和烦恼还会对敦敦倾诉，就算这个玩偶已经很破旧了，在小渔心里它依旧是不可替代的亲密伙伴。

是的，你也要给自己的内在小孩找个"敦敦"作为替身，它的意义相当于泰迪熊玩偶对小渔的意义。英国著名心理学家温尼科特（Winnicott）把这样的"泰迪熊"叫作"过渡性客体"。简单理解就是你在一个物件上投注了各种复杂情感，你们彼此忠诚，它对你完全接纳。这个物件就是你的**"内在小孩替代物"**。

内在小孩替代物可以是各种毛绒玩具、洋娃娃，可以是你小时候的照片，可以是你家的小猫、小狗，可以是一盆绿植、一块石头、一个挂件、一块毛巾，也可以是一幅画、一张光碟……可以是你任何投入情感的东西，它是你生命中很特别、不同于其他物件的一个，**你会把它当作生命的一部分**。

你最好能经常看见它或把它带在身边，比如把它挂在汽车上、贴在冰箱上、放在枕边、佩戴在身上。也要经常与它对话，哪怕是简单地打个招呼："你好啊，我的内在小孩，让我们开启新的一天吧！""你好啊，小朋友，让我们进入梦乡吧。"或者委屈时抱抱它，就像小渔抱抱敦敦……这样，你们就在一起了。

我本人的内在小孩替代物有 3 个：一个是摆在工作室书桌上的 5 岁时的照片；一个是枕头边的一串檀木手串；一个是叫"煤球"的小黑狗。它们每一个对我而言意义也有所不同。你可以同时拥有几个依托不同情感的替代物。

另外你还可以创作内在小孩替代物，绘画、泥塑、羊毛毡都行。

【练习：画出内在小孩】

让自己安静下来，找个独处的房间，准备好颜料、纸张与画笔。闭上眼睛想象它的样子，轻轻呼唤它的名字，与它建立情感，然后郑重其事地、认真投入地、足够耐心地、充满仪式感地开始作画。不要有任何评判，就按照你最想要的内在小孩的感觉进行，以第一感觉为准，少动脑思考，画完最好写上给它取的名字，也可以写上你的祝福语或寄语，写上作画日期。仔细盯着你的创作，观察每一处细节，感受你的情绪。可以修改，并关注为何要修改此处。它没有美丑好坏之分，不是为了给别人看，只是情感投入，只是你的创作。最后可以选择打印出来、装裱起来。

【镜子练习】

还有一种高效的内在小孩替代物——镜子。我们天天照镜子，但往往看的只是外表打扮，很少把镜子里的那个自己当作"自己"。现在可以把镜子里的自己当作内在小孩。仅仅这样想，镜子就不再是一面镜子了，它好像变成了心灵的镜子。你需要做的只有两点：仔细端详和对话。这就是**"镜子练习"**。

镜子练习会激活你微妙的情感，刚开始也会引起各种不适，你会抗拒、会尴尬、会觉得无聊、会没有耐心——总之，你不再像过去照镜子那般轻松自如了。但请把镜子里的自己当作内在小孩，去凝视他的双眼、去端详他的表情、去感受他的情绪、去抚摸他的头发脸颊、去拥抱他的双肩……然后对他说任何想说的话。不止一位学员表达过做镜子练习时出现的感受："当我一遍又一遍地对着镜子里的自己说'你足够好、你值得被爱、不是你的错、我会陪伴你'这些话时，总会泪流不止。"本书后面所有练习都可以照着镜子完成。

内在小孩替代物也可以单纯依靠想象形成。比如想象身体里住着一个小宝宝、田野里奔跑着一个小男孩、一个喜欢看星空的少女、一个蜷缩在角落里的小不点、一个你拉着他手的小朋友、一个爱哭鼻子的娃娃、一个蹲在身边的少年、一个调皮的淘气包……它们都是想象中的内在小孩。也可以在某个时刻想得更细致一些，比如，内在小孩的眼睛、眉毛、发型，年龄，衣服的款式颜色，姿势、态度和表情等。想象中的内在小孩会随着场景、情绪而变换。

最后，建议买一本厚实的笔记本，并命名为**"内在小孩日记"**。在今后的练习中将自己与内在小孩发生的一切记录下来，这将非常有意义。

【练习：5分钟的"孩子时刻"】

这个练习我会用在儿童青少年心理咨询中，也会让情绪失控的成年人使用，或者让家长在孩子情绪崩溃时使用。我更建议每个人在平时就养成习惯，不必非要等到紧急情况时再练习。这个练习我称为"孩子时刻"。以下3类行为只需选择一种，每天（或隔天）进行即可。这会让你在快节奏、紧张的日常中感受到一丝温暖、活泼和宣泄。

1. 出声地问自己"今天，我看见自己的内在小孩了吗"，然后闭上眼睛，双臂环绕抱着自己的肩膀、臂膀，轻拍自己的后背，轻抚自己的手臂、肩膀、背部或脸颊、额头，也可以用手挠挠、抓抓、摸摸自己的头皮、头发、颈部。感受自己就是个孩子，正在被想象中的父母这样对待，感受身体被双手接触过的部位的感觉，觉察自己的情绪。也可以念念有词，比如"对不起""没事的""我爱你""别害怕"等。（每天3~5分钟。）

2. 想象自己是一个3岁的孩子，随时找个没人看见的地方，然后扮鬼脸、胡乱扭动、手舞足蹈、蹦蹦跳跳、嘎嘎笑、说些连自己都听不懂的胡言乱语。（每天 3~5 分钟。）

　　3. 做一件你平常不允许自己做的事情，比如撕东西、摔东西、吃雪糕、吃垃圾食品、不打扮就出门、尝试一次不讲卫生、尝试一次不懂礼貌、说一次粗话、喝一次酒、拒绝别人一次、要求对方抱抱自己或亲吻自己、买块棒棒糖吃、给自己买个玩具……（每天选择一样就很了不起。）

第二章

内在小孩受伤的三大原因

第一节　理解内在小孩的创伤来源

理解内在小孩的创伤来源很重要。这就像头痛，知道头痛是因为颈椎病引起的或病毒性感冒导致的，尽管疼痛没变，却感觉没那么疼了，因为有了治疗的希望。知道得越具体，确定感就越高。

创伤来源大致可以分为：①大环境因素，如政治经济状况、意识形态、社会文化、教育体制、战争与暴行、偏见与歧视，以及地震、洪涝等自然灾害；②家族遗传因素，如暴力倾向、精神类疾病等；③人类集体心理因素，如对黑暗和死亡的普遍恐惧等；④养育环境因素，即早年养育环境、成长经历和遭遇的重大事件等。

我的研究重点是最后这个因素：早年养育环境与成长过程中遭遇的重大事件，即原生家庭影响。如同心理学大师荣格（Jung）所言，一个人毕其一生的努力，都是在整合他在童年时代已形成的性格，**探索原生家庭不是为了困在过去，而是为了更有针对性地疗愈现在**。比如，同样是顺从型人格，但形成的原因不相同，疗愈过程也就不一样。

我把早年创伤环境分为：**被捆绑、被忽视、被虐待**。但多数创伤都是被混合对待导致的，甚至三种都有。比如我的来访者中三分之一的人都不同程度地遭受过被扔在家里不管、被苛刻对待以及被打骂的经历。只是某种因素占比较高，或者某种因素对个人而言更具威胁性。

被以某种不良方式对待的频率、程度以及受这种对待时的年龄，决定了创伤的大小。比如同样是被虐待，父母偶尔对 13 岁的少年骂几句、打几下，与父母每天都会毒打一个 3 岁的小孩，被虐者的感受是完全不同的！后者极有可能形成重大创伤；而前者可能就不算一种创伤。

有个概念叫心理现实。心理现实指的是以你本人的主观感受为主而非客观的现实。比如有人早年也有过美好时光，但心里的底色却是被忽视或被虐待、被捆绑的。又比如有人与父母聚少离多，却感觉温暖可靠；有人与父母天天见面，但感觉没人在意他。我们重视的是个人的内心感受而非外在的客观现实。

第二节　被捆绑的内在小孩

这里所说的"捆绑"也就是我们平常所说的"控制",往往意味着严厉、苛刻、挑剔、否定、索取、羞辱、指责、贬低等。总之你好像被对方牢牢控制住了。当出现这些感受时,就说明你的内在小孩被捆绑了。被捆绑的内在小孩的总体感觉是:我是被操控的,我是没有自我的,我是说了不算的,我全部或部分做自己的念头与行为都是不被允许的、被打压的,我只能被迫活成他们想要的样子。

除了直接被控制,还有很多控制是隐晦、不易觉察、以爱为名的,父母本身甚至都无法察觉自己正在捆绑孩子。这些我统称为"隐形捆绑",常见的有以下几种类型。

第一种,牺牲型。比如"我那么辛苦还不是因为你""没有你,我早就离婚了""不为你,我早就不活了"——总之,他过得好是为了让孩子更好,他过得不好是因为被孩子拖累,没有他就没有孩子的今天,孩子的不好是对他的亏欠。这会让孩子深感愧疚。

第二种,自虐型。他们不会怪孩子,而是强烈怪罪自己——"都是妈妈的错""都怪爸爸不好""我真该死"之类,千错万错都是他的错,这会激发孩子的罪恶感和拯救情结,让孩子变成小大人,也让孩子不敢追求成功,并产生不配得感。

第三种,溺爱型。一切都围着孩子转,什么要求都满足,毫无节制，这样的父母是在以纵容的方式对孩子施加控制。这会让孩子潜意识中觉得很受用，无法与父母分离，无法独立过自己的人生，渐渐形成了依赖的性格。这些人有的即便结了婚、有了自己的孩子，也会与父母住在一起，反倒对自己的伴侣进行排斥和疏离；还有的由于不能与原生家庭分离而不结婚、不要小孩。

第四种，威胁型。 养育者会经常让孩子感到，如果不按照他的想法做就会有危险，就会被惩罚。这一类也很常见，最多的表现就是"吓唬孩子"，典型话语是"你若不怎么，就会怎样"，比如"你若不好好学习，爸妈就离婚"。威胁带来的恐惧有时会超过打骂，这会让孩子变得就像一个满足别人期待的工具。

被"捆绑"的孩子长大后会有非常多的冲突与不确定感。比如，既希望自己说了算又要迎合他人，既诱导他人评价又反感他人评价，既遵守规则又渴望破坏规则，既压抑愤怒又不时暴怒。

被"捆绑"的内在小孩的成长方向是： 能够有尊严、不愧疚地发出自己的声音，而不必迎合他人、被他人管控。可以从以下两点做起。第一，理解冲突，冲突代表还有选择的机会，代表内在小孩还有反抗的渴望，并试图"背叛"过去的模式；第二，尝试拒绝别人。

【练习：给内在小孩松绑】

- 第一步：先把你的内在小孩画出来。
- 第二步：理出捆绑在内在小孩身上的"绳索"有哪些，给每条绳索取一个名字，比如，"妈妈的抱怨""父亲的责骂"，或者"老师的嘲讽""爷爷的否定""姐姐的挑剔"等。

- 第三步：想象每条绳索的材质，比如是塑料的、棉麻的，还是金属的，还是其他的？它们的粗细、颜色、长短、大小、形状、硬度、韧度如何？描述得越详细越好。

- 第四步：把取好名字的绳索，画在刚才的内在小孩身上，体会当绳索捆绑住内在小孩时的感受。在那种感受中待一会，或把那种感受写出来。

- 第五步：想象你正慢慢走向内在小孩，给他松绑，每松一条绳子，看看他的伤痕，擦去他的眼泪，抚摸伤痕处，也可以安抚他，对他说些什么。

- 第六步：松开所有绳索后，带内在小孩去一个安全的地方，想一下他现在的状态如何？有什么想要表达的？你的感受又是什么？

第三节　被忽视的内在小孩

被忽视包含从不被重视，被疏离、冷落、排斥到被抛弃之间的连续谱，是一种弥漫的"指望不上"的感受。如果回忆中浮现的多是一个人孤单单的状态，说明你很可能拥有被忽视的内在小孩。

第一，不管不问与无人依靠。很多人都想不起自己是怎么长大的，只要有口饭吃就行。遇到困难时，父母也都视而不见。比如，在学校被欺负、被排挤后回家诉说，父母根本不听，甚至还会责怪。时间久了，有什么委屈困难也就不说了。

第二，被忽视的是感受而非物理距离。被忽视指的是在感受上被忽视，在情绪上被忽视，并非现实中的不见面。这样的忽视比较隐形，但伤害确实存在。有位来访者说，"从小到大，他们都在身边，但我就是觉得是一个人长大的"。

第三，"被重视的忽视"。孩子从这类被忽视中得到的经验是，"只有我做了什么事才会被重视，否则他们是看不见我的"，他们重视的是"你做的事"，而不是"你这个人"。比如，孩子成绩好会得到重视与赞赏，成绩差就会受到惩罚与冷落。久而久之，"成绩好"就会变成孩子对自己的要求，心理学称之为"内化"。孩子就会以为只有学习好、顺从听话、懂事乖巧、坚强乐观才会被喜欢，反之就是不好的。

第四，动荡的环境与被抛弃的经历。比如孩子成为留守儿童或被寄养、频繁搬家换学校、父母离异、频繁更换养育人等。心理咨询特别看重"稳定"，其地点、频次、时长、费用、环境等都是不变、持续的。稳定的设置代表内心的稳定，这是安全感的基本前提。在动荡环境中长大的孩子，对于稳定与安逸尽管向往，却有"陌生感"，并不适应。有时潜意识还会破坏这份稳定感，以此来满足"对动荡的反转"（反转的具体心理过程将在第三部分详解）。

在被忽视中长大的孩子外在表现为：无法与人亲近，感觉不亲，总是客套礼貌，好像隔了一层什么；一旦与别人靠近就会刻意疏远，使别人不知道如何与他交往；害怕麻烦别人，也讨厌被别人麻烦；凡事喜欢独自承担，拒绝依赖；还会以各种潜意识操作来诱导别人忽视自己；一旦信任某人就像抓住救命稻草，超级依赖。

被忽视的内在小孩的疗愈方向是"自我重视"。第一，要坚定需求。通常，关系互动背后都是有需求的，要深信这一点，并把需求呈现出来，呈现得越清晰就越重视自我。第二，要重视表达需求的方式。很多人喜欢漫不经心地诉说重要的事，这样的表达方式会"诱导"对方忽视你。对方会觉得你的事真的不重要，是可以一笑而过、随意打断的。你要郑重其事地表达需求。第三，尝试走进一段关系。不要让曾经的信任危机阻碍成长，尝试把靠近他人当作一个练习。

【练习：靠近被忽视的内在小孩】

把被忽视的内在小孩画出来、写出来、讲出来。在脑海中想象他的模样、年龄，在什么地点、什么场景下，周围都有些什么人、什么事物，那天的天气如何。去感受他的感受，比如他在怕什么，期待什么。想象此时你出现了，开始慢慢走近他，微笑着靠近他。你能满足他的期待吗？你要对他说些什么？现在就说出来吧。注意观察他，如果他想哭、想流泪，就尽管哭吧，也可以抱一抱他，拍一拍他。他还有什么期待吗？或许他要你替他发声，要你对抛弃他的人、忽视他的人说点儿什么。那就答应他吧，现在就说出来吧！你只管抱着他，看着他的养育者，告诉他们你想说的任何话……最后，离开的时候要告诉他，你还会回来的，并且一旦他害怕孤单，你就会出现，像今天这样和他在一起，从今以后，没有人会再抛弃他了，你会始终保护他，与他同在。

第四节　被虐待的内在小孩

"虐待"指的是直接或间接的身体伤害。包含不理不睬、罚站罚跪、无回应等冷暴力；也包含谩骂、羞辱、讥讽等语言暴力。

第一，肢体虐待。肢体虐待通常是指以身体接触为特征的虐待，比如扇耳光、踢、打、掐等，或是借助工具伤害孩子等。

第二，环境虐待。有一种创伤叫"目击者创伤"，指的是尽管暴力没发生在自己身上，却目睹了暴力的发生。包括父母吵架、父亲打母亲、父母打哥哥、老师打学生、同学互殴、虐待小动物等。"我恨不能让他们打我一顿，也不要看着他们打我姐姐"，有位来访者曾这样说。

第三，性虐待。性虐待是最隐秘的，又是最难以启齿和让人恐惧的。常见的加害者包括继父、亲戚、邻居、同伴、同学、家长、同事等。性虐待不仅仅包含直接接触身体，还包括各种引诱、刺激、偷窥、胁迫、利用等。

被虐待的内在小孩会有巨大的恐惧、强烈被压抑的愤怒、无处不在的羞耻感。而"无处不在的羞耻感"是所有负面情绪中占比较大、程度较强烈的一种，具体表现包括以下几种。

（1）会为自己的无能为力感到羞耻："我这么弱小无能，只能任人宰割。"

（2）会为辜负了养育者感到羞耻："我没有达到某种标准，活该被这样对待！"

（3）会为受虐经历的暴露感到羞耻："千万不能让别人知道我有这么悲惨的经历，我宁愿被虐待，也不愿让别人知道。"

（4）为了转移或遗忘被暴力对待的羞耻感，会让自己进入某种虚幻世界以隔离耻辱的记忆，特别是在生活状态也很糟糕的时候，比如正在经历物质滥用、物质成瘾、暴饮暴食、酗酒、赌博等，又比如有间歇性自我伤害、强迫思维或行为。

（5）为了掌控巨大的羞耻感，长大后很可能会代际传递和投射伤害，比如暴力对待自己的伴侣、孩子，欺凌弱小、虐待小动物等。

疗愈被虐待的内在小孩需要耐心与安全氛围，更需要被正常对待。没有人生来就愿意经受虐待，被虐待的内在小孩可在专业心理治疗中依据安全氛围逐步呈现。切勿在开放环境中过多暴露。

【练习：表达对施虐者的愤怒】

可以给施虐者写一封信，表达任何想说的内容。可以想象与最信任、有力量的人一起面对施虐者。你们就坐在施虐者对面，把他绑在椅子上，把他的眼睛蒙住、嘴巴封住。然后大声控诉他！斥责他！辱骂他！做你任何想做的！在此过程中，感受自己的感觉，想象对方的样子，如果有任何不适，别勉强，要尊重内在小孩的节奏。

接下来一章我将详细描述这三种受伤的内在小孩是如何在危机四伏的环境中存活下来并形成相应的独特人格的。

第三章

内在小孩的四种人格类型

第一节　评判者与功能自我

"评判者"是疗愈内在小孩最大的阻碍。

赵先生今年 39 岁，给自己的内在小孩取了个名字叫"达达"。然后找到了一张自己 4 岁时的黑白照片作为内在小孩的替代物，照片中的小男孩拿着一串糖葫芦，站在村头的小卖部门口咧着嘴。赵先生喜欢这张照片，因为这是他第一次吃糖葫芦，第一次拍照。赵先生把照片放在钱包的透明夹层，既郑重其事，又觉得很好玩。但不一会儿便有些内心的声音传出："我是不是太傻了，这么个大男人还做这种无聊的事""有人看到会不会笑话我""这有用吗？我干吗要这么做，这对我有啥好处""你别被骗了，你一直都傻透了，所以才把生活过得这么糟""我所有努力都没啥用，还能指望这张破照片"……赵先生越想越烦，越看越觉得照片上的自己丑，恨不能撕掉照片，并对自己刚才的幼稚感到愤怒！于是他抽出照片狠狠地扔进了垃圾桶，一摔门走出了卧室。门外传来一声重重的叹气声。

只需要听听赵先生心中那些声音，看看赵先生是如何把"小达达"扔进了垃圾桶，就明白"评判者"的杀伤力有多大！这些声音十分顽固，充满了批评、指责、审查、督促、贬低、质疑、羞辱。现在请停下来，放下手头的一切事情。然后聆听自己内在的声音，对，就这样待在原地，集中精力，别管周围的一切。你听，头脑中会有哪些声音？只需要用一分钟的时间，甚至几十秒，觉察大脑此刻所有的想法……

也许你会很吃惊，因为在没做这个练习时，你只是在读这篇文字，而一旦停下来刻意觉察就会发现，此时此刻你头脑中的声音很多、很乱："我在干什么""为何要这样做""我才不听呢""要不试一下""玩什么把戏""我有点像这个赵先生""抓紧行动吧""我早上又发脾气了""好像还有件工作没整明白""当时真不该对他说那句话""明天一起去合适吗""简直太不自律了""算了算了，已经那样了""有些内疚"……这样的念头一个接一个，杂七杂八，根本停不下来。这些声音都来自此刻的大脑，在对你进行各种检查、评价——**这就是评判者**！当评判足够激烈的时候，你就会像赵先生一样抛弃内在小孩，似乎以前给他取的名字、找的替代物，都被抛到九霄云外了！

事实上，**最开始的评判声音并非来自你本人**，而是你早年的养育者。你从他们的评判中知道：自己是不被喜欢的，或者只有成为一个什么样子的人才会被喜欢。日积月累，**这些声音就变成了你自己的**，就算长大了，就算过得还好，也无法阻止内心的评判。

为了对抗评判者，你发展出了一个保护者，我给这个保护者取名为：**"功能自我"**。功能自我之所以突出"功能"，是因为其主要作用就是**隐藏、掩饰、保护受伤的内在小孩**。功能自我是"应对危险的综合态度所形成的人格"。所谓"危险"，指的是"每个人主观判断中的激活创伤或即将激活创伤的可能"。继而你"采取惯用的模式来避开危险的发生，或当危险已经发生时，采用惯用模式让伤害降到最低"。

举个例子，如果一个人的内在小孩最恐惧的是被指责，"被指责"就是基本危险。他会在任何时候对他人的行为态度都很敏感，这样的"敏感"就属于功能自我的一部分，目的在于保持警惕，方便随时避开指责。而一旦真的被指责，他会采用转移话题、怼回去、逃开等策略来降低伤害，这些"转移话题、怼回去、逃开"等策略都属于功能自我。

功能自我的基本来源是在早年充满敌意的环境中，不得不临时采用的策略。这些临时策略一次次被使用、积累，内化为惯用模式、固有策略，我们也逐渐形成了日常中所指的"性格"或"人格"，形成了基本的价值观和关系模式。

"功能自我"有四种人格类型，分别是：顺从型、对抗型、回避型和完美型。内在小孩受伤的三种原因（被忽视、被捆绑、被虐待）同时就是三种危险，这四种类型的功能自我的目的就是避免内在小孩再次陷入这三种危险——这是一个相互作用的逻辑。

既然功能自我那么好用，人不就没有痛苦了吗？当然不是！相反，最开始让人们痛苦的恰恰是功能自我。有以下几个原因。

第一，功能自我本身的副作用。功能自我最大限度避开了想象中的、已经过去的、即将到来的、夸大的、不切实际的、小孩子眼中的危险，却带来了新的危险，比如内耗、敏感、隐忍、穷思竭虑、不真实、逃避责任、不合时宜、失去自我、无法活在当下、被利用、破坏关系、物质滥用、强迫思维和行为等副作用。因此，**功能自我需要升级**，而升级的唯一途径就是"疗愈创伤的内在小孩"，只有内在小孩没那么恐惧了，才不会使用惯有模式的功能自我。但是，先要接纳这个功能自我，毕竟再糟糕的保护层也好过没有保护层。

第二，对功能自我的评判与羞辱。这是指你一边使用功能自我，一边嫌弃和讨厌功能自我（或对此感到羞耻）。比如，一边顺从讨好，一边讨厌这样的自己；一边攻击，一边对这样的自己进行谴责；一边逃避，一边感到孤独；一边掌控，一边对苛刻的自我进行否定……换句话说，因为这四种功能过于**僵化、夸大、扭曲、片面**，所以让人难以接受。

功能自我也像个孩子，我们可以把它当作一个**"大孩子"**，一个比创伤内在小孩大一些的孩子，他一边保护"弟弟妹妹"，一边也会感到紧张和害怕，也需要你的支持与理解，而不是受到二次伤害。

另外，**这四种功能自我绝非单一存在。**任何创伤都会发展出一种或多种保护功能，比如被捆绑的内在小孩可能发展出顺从，也可能发展出攻击、逃避、控制；这些也会出现在被忽视、被虐待的内在小孩身上。它们是排列组合关系，同时也会变化和转换。即使是同一个人，在不同场合、不同时间，面对不同关系对象时，所采用的具体功能也不同，比如讨好变为攻击、攻击变为逃避等。

第三，创伤内在小孩暴露的那一刻，恰恰是这四种功能失效的时候。由于刺激过大导致保护层被摧毁了，此时，危险是巨大的！就好像情景再现，你回到了还是个孩子的时候。一旦生存功能失效，你就完全变成了孩子。外在表现通常有两种：一种是**"空白"**，大脑一片空白、迷迷糊糊、蒙了、思维停滞、呆若木鸡——此刻意识与身体分离了，分离的目的是让你感受不到此刻极大的危险；另一种是"崩溃"，也就是我们常说的**"破防"**，外在表现可能是瞬间大哭、瘫坐在地、捶胸顿足——此刻无法顾及外部场合，羞耻感与尊严都会降低。

那么，现实中如何判断自己是否正在使用"功能自我"呢？答案只有一条："你做的事不再是这件事本身"。比如学习是为了考取功名，读书是为了丰富知识，旅行是为了增长见识，写作是为了获取名利，工作是为了赚钱，努力是为了成就，婚姻是为了幸福，穿衣是为了好看……只要你做的这件事不完全是为了其本身，而是带有某种目的与目标，你就正在使用功能自我。我并不是说人不能使用功能自我（因为做不到全然自由），而是不要"过度"使用（比如学习只为功名、工作只为赚钱）。过度使用会带来痛苦，就像以上例子中，若不能达到那些高期待如"功名""知识""见识""名利""赚钱""成就""幸福""好看"等目标，那么学习、读书、旅行、写作、工作、努力、婚姻、穿衣等都不是真实快乐、放松、享受，而是消耗。

一旦做某件事情或不做某件事情是为了获得外界（权威、领导、父母、老师、爱人等他者）的肯定与理解、规避某种危险与恐惧、掩饰某种尴尬与愧疚、隐藏某种脆弱与羞耻，你就正在使用功能自我，而使用的强度决定痛苦的程度。如此看来，我们每个人都在不同程度地使用着功能自我。内在小孩的创伤越大，功能自我就越多，人就无法活在当下，就会感到痛苦。

如何具体定位你本人的功能自我呢？答案是"主流功能"。比如相比较其他功能，你最常使用的是回避型功能。接下来，我会对每种功能自我的人格分别展开描述［部分参考了美国心理学家卡伦·霍妮（Karen Horney）的《我们内心的冲突》（*Our Inner Conflicts*）］。我的描述内容包括主要特点、主要获益、主要弊端，并穿插成长故事及作业练习。再次强调，这四种功能性人格只是典型特点，而多数人都是非典型的。

第二节　顺从型人格：我要听话

具有这一类型人格的人往往表现出顺从、迎合、讨好、依赖、有用、付出、服从，也被称为"讨好型人格""服从型人格""依赖型人格""付出型人格"等，而我称之为——顺从型人格。

讨好与顺从，会诱导别人伤害你

阿美今年 40 岁，当时找到我是因为她多次被丈夫"家暴"。最近一次，丈夫抓着她的头发，把她撞到墙上，导致她鲜血直流，后来去医院缝了针。她不敢同父母讲这些，因为之前说过一次，父母也很无奈并劝她离婚，但阿美做不到。

"我总觉得我丈夫会改变，恋爱时他对我很好，我觉得自己是天底下最幸福的女人。""自从有了孩子一切都慢慢变了，他经常对我恶语相加，我也习惯了，因为我更受不了的是他不理我。""我离不开他，也许我加倍对他好，他就会变回原来的样子。"类似的话阿美说了很多遍。

在我们的咨询过程中，阿美总是刻意恭维我，从来不迟到，把我的话当作真理，认真做笔记。每次咨询都是汇报本周的成长与进步。有两次我迟到了，她不但没怪我，还替我说话，完全站在我的立场理解我:"只要你在就好,不需要做什么,从来没人这么认真听我说话。"

时间久了,阿美的模式就十分清晰了——她会用懂事、听话、乖巧、照顾别人等来维护关系。有了冲突矛盾,她总是责怪自己;不小心失误,也总是内疚自责。阿美宁愿忍受不公正,也不愿对方离开,她会尽可能做得更多,来换得对方的关注。而一旦觉察到对方冷淡她、疏远她,她就开始崩溃大哭,加倍责怪自己哪里没做好。

"这感觉很可怕,就像小时候我妈经常把我放到亲戚家就走了,把我放在我二姨家次数最多,二姨父脾气很不好,经常打骂我、嘲讽我。"阿美这样说。"我心里似乎有很多仇恨,现在想起来,丈夫对我动手前,我是激惹过他的,我骂他不像个人,像个冷血动物,像他死去的父亲,这样的话总能刺激他。"阿美在一次咨询中告诉我。

但阿美的儿子性格与她完全不同,这孩子从小就是"小霸王",经常欺负别的小孩,没少给阿美惹麻烦,被老师教训是家常便饭。

阿美就属于典型的"顺从型人格"。一味地妥协讨好就是阿美的功能自我,这个功能是为了避开"被抛弃的危险",却压抑了愤怒和怨恨(在某些场合会爆发,比如激惹、羞辱丈夫),同时也给了对方轻易伤害她的机会(比如丈夫的家暴与我的迟到),因为一旦"离开某人就活不下去了",对方伤害她的可能性就会很大。

顺从型人格有八个主要特点

顺从型人格通常具有以下几个特点。

1. 强烈渴望别人的认可和喜欢，并对不认可和不喜欢十分敏感，特别喜欢依赖权威。

2. 在人际交往中会很快捕捉到别人的喜好、兴趣，继而有意无意地夸赞。会立刻知道自己怎么做能适应他人，迎合别人的心意，哄别人开心。

3. 会忽略别人身上的缺点，忽略别人和自己不一致的地方，因为和别人不一致意味着危险。

4. 一旦与他人的意愿发生分歧或冲突，下意识的反应是放弃自己的意愿，优先认同别人的观点。如果情势危急，则会选择逃走。

5. 喜欢受到权威的指点、指导、教诲，甚至喜欢对方给自己制订计划任务，这样自己就可以按照这个标准努力，就有希望完成答卷，让别人满意。

6. 希望自己变得有用，能给别人提供价值，不太相信别人会真心对自己好，认为只有对别人有用才值得被好好对待。

7. 特别喜欢自我检讨、自我批评，会忽略对别人的不满，喜欢把别人的不开心归咎于自己。

8. 自我投射为软弱、没有能力、不如别人、自卑、无助、可怜、委屈、希望被拯救。也会经常幻想有一个拯救者或很容易把别人当作拯救者。

顺从型人格的主要获益和弊端

通常，顺从型人格有以下四个主要获益点。

1. 具有很好的自我觉察能力，因为其主要的分析对象是自己。

2. 因为其危险性小，不容易成为被攻击的目标，容易获得别人的信任、肯定和认可，这正是他想要的主要价值。

3. 共情他人的能力很强，由于害怕冲突，所以必须会察言观色。对弱小特别敏感，会主动帮助别人，理解别人。

4. 在潜意识中获得了某种掌控，用让自己听话的方式操控他人，若遇到控制型人格简直是珠联璧合。

"顺从型人格"有四大弊端：**压抑攻击性、严重内耗、失去自我、投射给孩子。**正是这四大弊端让这类群体厌恶自己，但这也是他们寻求改变的主要动力！

1. 顺从型人格最大的弊端就是一直回避和压抑自己强烈的攻击性和破坏性。

我们会发现，在其隐忍的背后充斥着巨大的愤怒！

+ 比如，一个在外面脾气温和的男性，一回到家就暴躁得可怕，大发雷霆，大吼大叫，因为一点小事打骂家人、虐待小动物。
+ 比如，一个温顺的员工突然有一天对同事破口大骂或挑衅领导，或者开始经常迟到、不完成任务、拖延、遗忘等。
+ 比如，一个守规矩的孩子到了青春期会歇斯底里，叛逆。

这些情况一旦出现，当事人就会大为震惊、懊恼不已，觉得完全毁掉了自己的人设，但内心却有一种说不上来的窃喜！当然，如果没有心灵成长，让顺从型人格发展出攻击性，真的比登天还难。

上面案例中的阿美（在我这里做咨询 3 年了），如今就像变了一个人。她重新开启了职场生涯，说话很呛人，喜欢怼人，不留情面，甚至有两次因生气挂断了我的视频。"这样好爽！"后来阿美告诉我。她的转变让我更加小心谨慎，再也没有在和她约定咨询时间后迟到过。你看，升级功能自我会更受人重视。

2. 严重内耗。

无时无刻不在自我反思，无时无刻不在琢磨别人如何看待自己，反复复盘和推敲，这会让人消耗巨大。就像刚开始找我做咨询时的阿美，她每天都在想今天哪里做得不够好，对方哪里不满意，咨询的时候该如何表现，等等。

3. 失去自我。

我们不断在外在世界中寻找被别人喜爱的"自我"标准，妄图根据这个标准创造一个新的自我。这种从外在世界中寻找到的被别人喜欢的"自我"标准，会给我们带来安全感。但是，一旦想根据外在标准来创造一个自我，我们就可能会和真实自我失去联系。殊不知，那个真实自我正是我们生命力的源泉。所以，**与内在真实自我的失联，意味着我们生命力的源泉被切断了**。而这也是导致很多人陷入各种精神问题或持续痛苦的原因之一！这个真实的自我就是"原初内在小孩"。一位治疗师说过，"你来到这里，不是为了取悦别人，也不是为了按照别人的方式生活。你只能以自己的方式过日子，走自己的路。你是来实现自我的，也是为了表达最深层的爱而来。你来这里学习、成长、吸收和理解，并把慈悲投射出去"。

4. 投射给孩子。

顺从型人格要么把孩子变成和自己一样听话的人；要么让孩子活

成自己没活出来的样子，而这可能会使孩子变得叛逆，惹是生非（就像阿美的儿子）。后者就是典型的矫枉过正。

以上就是顺从型人格的主要特点、获益和弊端。总之，这是一种僵化、刻板、单一的自我功能，尽管保护了内在小孩，避开了旧日创伤，但带来的副作用太大了，我们没有理由听之任之，**需要对其进行升级改良！**

现在，请把自己变成孩子，比创伤内在小孩大一点的孩子，是个小哥哥、小姐姐。尽管这个大孩子学会了使用功能自我，但在面对危险时依然害怕、慌张。他同样需要被你看见！在这个想象前提下，我总结了一套练习方法，分别针对这四种功能自我进行理解和支持，只要坚持练习，就既能够保护创伤内在小孩，又可以优化升级功能自我。

【练习：给他勇气——与顺从的内在小孩对话】

1. 事件：找一段近期不能释怀的经历（你认为是讨好或迎合他人，并难以接受的一件事）。

2. 思路：复盘当时的情景、经过、人物等细节，可以通过在脑海中回忆，也可以在内在小孩日记中画出来或写出来。

3. 聚焦：第一，假设你有个摄像机，请把镜头聚焦到关系中的对方，观察他的模样、态度，注意他说话的语气、神态、表情等；第二，再把镜头拉向自己，把自己变成孩子，去看看这个孩子的年龄、性别、穿衣打扮、表情、神态。

4. 体验：这个孩子在说什么，做什么，你可以替他说出来，然后感觉这个孩子。他很乖，很听话吗？他此刻的心情怎样？你能理解他的讨好和顺从吗？他在怕什么？在渴望什么？他希望得到怎样的回应？听到回应的反应会是什么？

5. 回应：请感谢这个勇敢的小孩。无论你内心的评判者觉得他多么软弱无能和丢人窝囊，都要谢谢他，感谢他用顺从躲过了那些充满敌意的时刻，一次又一次地保护了创伤内在小孩，他做到了应该做的，他已经很努力了，他在让你看见他、理解他的苦衷，请抱抱他吧！

6. 给他力量与勇气：想象强壮有力的你与他共同去面对那个人、那些潜在的危险，去表达想表达又不敢表达的内容！比如："爸爸，请不要对我这么苛刻了！""妈妈，请别再强行给我灌输你的观点了，我已经长大了！""老师，你说话能别那么难听吗？""某某，我就想让你看见我一直在努力。"……此时，想象对方听后会有怎样的态度。然后可以继续增加勇气大声说："你们，有没有尊重过我的感受！""我不喜欢你这样对待我！""我需要有自己的空间！""请闭嘴！""走开！别烦我！""我受够了！""我恨你！""我可以离开你了！"……

7. 独立：这样与内在小孩多待一会儿，抱着他，给他肯定和勇气，喊着他的名字，让他感到被允许和接纳，告诉他"别怕，我们已经长大了""我会一直陪着你""表达吧，没啥大不了的！不会有危险""我们肯定没问题"，然后想象他正在长大、独立。想象一轮红日从地平线上升起，它的名字叫"独立"。

8. 从刚才的想象中慢慢走出来，喝点水，看看绿植，听听音乐，休息一会儿，结束。

9. 注意事项：①进入状态后，该练习会充满各种复杂感受，甚至会有身体反应，请密切观察自己，如果特别难受请暂停；②如果觉得力量不足，可以自我加持，比如想象你最崇拜的人就在身旁；③如果感觉还不错，请把这个练习当作习惯坚持做下去。

第三节　攻击型人格：我要对抗

攻击型人格与顺从型人格相对立，它指的是用充满敌意的态度来对抗他人与环境。包含通过强势、控制、暴力、敌对、冷酷、反抗、竞争、利用等手段来压制潜在危险。事实上，这本身就充满了危险！

攻击，让人两败俱伤

与涛的咨询进展得很不顺利，甚至有时我并不想见到他。每次咨询前我都要深呼吸几次，然后硬着头皮与他连线，咨询过程中我也总盼望快点结束，也会非常小心，生怕哪句话说得不合适会激怒他。

事实上，就算我如此小心，涛也总有机会对我进行"批判"。涛的怨气无处不在，说我不但是个差劲的咨询师，也是个怯懦的人，因为每次我都不发火，我的态度让他认为我很懦弱，他便更瞧不起我。他也会经常抱怨咨询没什么用，咨询了那么多次还是没变化。他还对我的准时上线感到羞耻，说我是一个害怕得罪人的懦夫。

有一次，我实在受不了他无休止的指责，与他发生了争执，他的眼神顿时有了光，精神抖擞，语调提高，身体也挺得笔直，一连串的发问、刁难"打"得我连连败退。最后他说这次咨询还有点感觉，心里很痛快，并告诉我"以后你不要考虑我的感受，你不和我吵，我就感觉像拳头打在棉花上，没劲"。

涛经常冲屏幕大喊大叫，大声责骂周围的人、咒骂这个世界。一旦有人惹他，他就会在咨询中一遍又一遍把对方骂个狗血淋头！我似乎看见他好像要从屏幕中"穿"出来了，像张着血盆大口的老虎。有一次，涛做了一个梦，梦见他和一群人比赛扔炸弹，结果有个人比他扔得远，他就直接把那人杀死了。"那人好像我父亲。"涛说道。在梦里，最后他战胜了所有人，获得了冠军……

涛就是典型的"攻击型人格"。现实中他喜欢吵架，喜欢竞争，喜欢找碴。许多这样的来访者有边缘型人格特质，是咨询师的"杀手"。涛没有朋友，离了婚，儿子跟着前妻，父亲去世了，他也辞职了。"在这个世界上，就剩下我一个人了。"涛说道。"我最后悔的是在我父亲活着的时候没勇气冲他发火，从小到大他就像一颗炸弹，吓得我大气都不敢喘"，这是在我们咨询前期涛唯一一次"黯然神伤"。

攻击型人格的特点与利弊

攻击型人格有六个特点。

1. **控制他人。**潜意识中他们做不到自我掌控，无法直面对自己的苛刻，只能将这些投射给他人。用各种手段控制他人成了他的基本准则。这些手段包括威逼利诱、以爱为名和自我牺牲，目的都是让别人活成他想要的样子。而他们不太愿意反思，也很少有愧疚感，因为反思和愧疚意味着他们错了，而他们最不愿承认的就是他们错了！他们只有不遗余力地控制弱者、控制顺从者、控制孩子，才能安心。他们对人严厉、苛刻、挑剔。与攻击型的人打交道，你会明显感觉自己手足无措，无论怎么做都无法令他满意，只能顺从或逃离。

2. **喜欢竞争、攀比、敌对。**他们认为人生就是一场比赛，只有输赢和名次，只有"胜者为王，败者寇"，只有弱肉强食，他很难容忍别人比他强，充满了妒忌，会想尽一切办法超过对方，如果失败就会无比沮丧。但他又总能找到竞争者，不知疲倦地去战斗、去比拼，从来不敢停歇。对待工作、金钱、权力、名声也是如此，必须超越同行、同事，只有这样，他才觉得人生有意义。

3. **喜欢争执和冲突。**他总能找到借口与别人吵架甚至大打出手，他像一个斗士、一名战士，必须击败对方，宁死不屈。他喜欢在争辩、争吵中表现自己的厉害，就像一个行走的炸药包，让人警惕和害怕。这种人格多见于男性，涛的案例就十分典型。

4. **以自我为中心，好大喜功。**攻击型人格总是以自我为中心，听不得任何人说他不好，一切总以目标为导向，总是想尽办法周密地计算得与失，计算如何获胜，如何获取更大的利益，很少或从不顾及别人的感受。他给人留下的印象就是自我和自私。他们会通过各种方式向别人展示和表达自己有多厉害、多优秀、多强大、多有能耐，给人一种错觉——别人搞不定的他能搞定，在精神诊断描述中多属于"自恋型"。

5. **对温情、脆弱、温柔、善良、好人、乖巧懂事、老实厚道这类词汇或拥有这类特点的人特别反感、厌恶、嫌弃、鄙视。**其实，在潜意识中，他们担心自己变成这种人，就像涛对我无情地嘲讽和贬低那样。

6. 焦虑，不能耐受不确定性。他们给人的感觉总是"快，快，快"，他们会这样催促自己，也会这样催促别人。和他们在一起时总觉得有人赶着，这是因为他们把一切的工作、计划、安排，都当作敌人或危险分子。不是这些事本身危险，而是如果不能快速掌控它们，就显得自己很无能，这种无能感让他们觉得危险。

"攻击型人格"的好处：利用强大、不好惹、控制、胜利的外在形象塑造了厚厚的保护层，厚到连自己都觉察不到创伤的内在小孩。而多数情况下，他总能取胜，总能从他人软弱的态度上找到平衡点来彰显自己的无所不能，好像这个世上没有什么可以击垮他。他赢得了鲜花与掌声，他通过控制别人获得了更多的社会成就与认可，以及一大批顺从型人格的人的追随与讨好。这一切让他感到了巨大的满足。

攻击型人格最大的弊端有三点。

第一，不分场合、不合时宜的控制与攻击，极大地损坏了人际关系，破坏了亲密关系。也许只有阿谀奉承和讨好的人才愿意与他为伍，其他人都会躲他远远的，他得不到真实的亲密与爱，经常陷入孤立无援的境地。

第二，时刻准备战斗，警惕且焦虑。一个认为世界充满敌意的人怎么可能安心休息，享受当下呢？战斗警报会一直响个不停，严重内耗的状态让他不停地焦虑。

第三，战斗不止，无法享受成果，就算达到目的也不觉得成功，只是"警报解除"了。他们会在很短的时间忘记快乐，继续追逐下一个目标。

攻击型人格是在保护那个害怕的、被攻击的创伤内在小孩，就像小时候被父亲欺凌的"小涛涛"（这是涛为自己的内在小孩取的名字）。**疗愈方向是让他感到安全。**态度要温和（就像涛眼中"懦弱"的我），要原谅他的所有攻击行为，我们的关注对象是这个"攻击的孩子"而不是这个看似"凶猛的成年人"，尽管这并不容易。

【练习：给他温柔与安全——与攻击的内在小孩对话】

1. 事件：找一件近期的或久久不能释怀的经历（你认为具有攻击性的一件事）。

2. 思路：复盘当时的情景、经过、人物等细节，可以通过想象在脑海中复盘，也可以在你的内在小孩日记中把这些画出来或写出来。

3. 聚焦：请把镜头聚焦到关系中的自己，把这个自己变成孩子，一个愤怒、攻击的孩子。去看看这个孩子的年龄、性别、穿衣打扮、表情、神态。

4. 体验：现在这个孩子在说什么、做什么？他此刻的心情如何？他的攻击意味着什么？他在害怕什么？他在渴望什么？他希望对方有怎样的回应？他满意吗？

5. 共情与原谅：请宽恕这个小孩。如果觉得他不可理喻、冷酷无情、情绪失控——这些都是内心评判者的声音，那么要大声驳斥评判者：不是这样的！他这么做是为了保护更弱小的自己，他也很害怕。

6. 蹲下来，温和地看着这孩子，慢慢靠近他，握着他的手。你会感受到他攥紧的小拳头是冰冷的，慢慢地，他的拳头在松动，温度也在升高。他的身体也没那么紧绷了，柔软了下来，没了力气，特别想靠着你。你可以对他说："好孩子，哭吧哭吧，没关系的，你太累了。"

7. 你与他都感受到了温暖和安全。想象受伤害的人其实不怪你，反而会觉得有点内疚，因为无论你多么大声喊叫，他们从来都没像今天这样仔细看过你。

8. 轻轻地对他说："亲爱的，以后不需要那么用力了，咱们是安全的，我们可以试着学习温和地表达需求，以前的你辛苦了。"

9. 从想象中走出来，喝点水，看看绿色植物，休息一会儿，结束练习。

10. 补充：越是在冲突后的短时间内练习，疗愈效果越好。

第四节　回避型人格：我要逃离

回避型人格的人是四种人格中最孤独的群体。为了规避被伤害的危险，他们主动或被动地逃避、躲开、疏离、封闭。

回避伤害的副作用，是无法亲密

晓晓最近调到了新部门，和领导同事都不熟。晓晓说："尽管办公桌挡着隔板，但我还是紧张，怕同事看我，特别尴尬，要不停地做事，否则就觉得在偷懒。就算周末也要仔细检查报表，生怕哪个数字搞错，成了公司笑柄。"

晓晓和两任男友都分手了，原因都是对方认为晓晓在躲他们。对此晓晓是这样描述的："也不知为什么，和男友在一起会因各种小事紧张、纠结。比如，只有在一起玩手机才能耐受尴尬；他给我买礼物，我就要还回去；一起吃饭时，他付账单我就觉得欠他的，我付就觉得委屈；生怕他主动给我买衣服，但又想让他买衣服……他对我好的时候，我很不自在，怕有一天他对我不好了，更怕以后变老变丑，他就不喜欢我了；如果他对我不好，我就很孤单，也觉得自己很差劲。"时间久了，为了逃避这些讨厌的感觉，晓晓就会找各种机会爽约，不愿见面。于是男友受不了，最终提出了分手。

晓晓的各种担心和强迫性念头都属于回避型人格的表现，一旦靠近别人就害怕自己会被嫌弃或抛弃。这就是晓晓早年常有的感受。于是晓晓选择了逃避，同时拒绝了亲密。

回避型人格的特点与利弊

回避型人格有六个特点。

第一，害怕麻烦别人，也怕被别人麻烦。

"不好意思""对不起"是他们的口头语，这类口头语不是客套话，而是真认为打扰到了别人，认为自己是不受欢迎的，也不欢迎别人靠近打扰自己。回避型人格不像顺从型人格喜欢承受别人的情绪，也不像攻击型人格喜欢让别人承受情绪，而是回避一切承受的可能性。

第二，羞于谈情感，无法真实亲密。

可以合作共事，就是不能谈感情，总与他人隔着一层，无法靠近。关系只是事务性、工作性、交换性的，而不是有好感、有情绪、有期待地在一起。冷静、平淡、理性、冷漠，就是与他们在一起时的感觉。尽管有时他们看起来也外向、与人交谈甚欢，但内心是封闭的，这些假象只不过是为了应酬，为了避免尴尬，为了看起来不那么格格不入，仅此而已。所以他们与人交往很消耗心力，很不自然，别人也这么觉得。

另外，他们与家人（特别是伴侣、孩子）在一起只是因为妻子、丈夫、父母的角色身份，他们会要求自己应该做好"角色亲密"，但不是发自内心的亲近，有时还会逃避亲昵行为，对于肢体接触尤其敏感。与家人的"无法亲密"让他们很困惑、很孤独，有时还会自我责备。

第三，有较深的分离焦虑。

具有回避型人格的人，内心深处可能会有较深的分离焦虑，害怕被抛弃，而"没有在一起就永远不会有分离"，因此，他们把分离彻底消灭在了摇篮里。

第四，回避不够好的自己。

他们总认为自己有很多缺陷，很多令别人嫌弃的部分，一旦交往过深就可能会暴露。事实上，那个糟糕的自己只是他夸大的、想象中的自己，真实的他并没有那么糟糕。每次要靠近别人，他就会用想象中的糟糕拒绝自己。回避型人格的人因此失去了很多被爱和爱别人的机会。

第五，逃避束缚。

无论是团建还是聚会，他要么不参加，要么让人注意不到他的存在，好像有隐身能力。他与自己玩得很嗨，也总能找到没有人际关系的娱乐项目。他讨厌一切关系里的规则、束缚、冲突、纠缠、期待等，一旦嗅到这样的气味就早早地逃之夭夭，根本不会给自己任何发展关系的机会。他很难耐受与一个人单独在一起，就像晓晓通过找话题、玩手机来隔离。

第六，一切亲密必须以独立为前提。

在婚姻中做不到完全不被打扰，想要独立的回避型人格的人总是在躲避与靠近的平衡中艰难度日。这也让伴侣伤透了心，认为自己永远也走不近他。

回避型人格的最大获益是：总能找到与这个世界遥远的距离并有所成就。很多艺术家都属于这个类别，讨厌人际关系，却很喜欢动物、植物、音乐、美术、美食、写作、大自然等，醉心于各类创作。也许回避型人格把内心澎湃的情感给予了创作，对亲密关系也就没那么需要了。就像晓晓有一间屋子专门做编织，也许她把密密麻麻的心事都编织进了毛线里。

回避型人格的最大的弊端是孤独，成也孤独败也孤独。这种孤独是无人可懂的孤独，是不被理解的孤独，消解孤独最好的方式就是亲密，他们却又无法亲密，孤独就成了常态。

【练习1：给他稳定感——与回避的内在小孩对话】

1. 想象在某个地方的一个傍晚，天空灰蒙蒙的，有这么一个孩子，他孤零零地蹲在地上，在地面上胡乱画着、写着什么或玩着什么，四周很安静，小孩很孤独。

2. 想象你站在离他不远的地方看着他，但并没有立刻走近他。他看见你了吗？有什么反应？此刻你们内心在经历什么？这个地方熟悉吗？他有什么心事吗？他想说点什么、做点什么吗？请帮他表达。

3. 你想要靠近他，也许你会说："小朋友，我可以靠你近一点吗？""小朋友，你在做什么呀？"过一会儿，再次发出邀请，并不断温柔地表示善意与爱。他会接受吗？

4. 假设你们建立了信任，他愿意让你过去，那么去看看这孩子在做什么吧。你还是不急不躁，温暖如初，充满爱意，微笑着与他在一起。不管多久，你都会以让他最舒适的方式陪着他，你很稳定、很有耐心，一直在等着他。

5.请继续这个画面，发挥想象，把剩下的故事讲完，不要跳过任何细节。接下来发生什么，有怎样的联结、接触、对话？仔细体会其中的感受，如果愿意，就请分享出来。

6.请经常做这个练习作业，也可以邀请同频的人做角色扮演练习，去体验由孤独到亲密的微妙变化。

【练习2：试着与现实中的一个人相处，什么都不做，体会感受】

第五节　完美型人格：我要掌控

完美型人格是一种普遍策略，是对内操控。毕竟掌控外在有风险，而自我掌控就安全得多。简单来说，就是对自己苛刻、控制、严厉、强迫性完美、挑剔！极致的情况是"做不好就会死"。**完美型人格是内耗的主要来源。**

对自己有多挑剔，对他人就有多苛刻

C 先生在见我之前做足了功课：他先是关注了我的公众号，并从我的第一篇文章开始逐篇读到了最后一篇；接着买了我所有的图书，并至少读了 2 遍；再连续参加了 2 期我的"内在小孩训练营"；又找了我们团队的一位咨询师"实验咨询"了 3 次；然后与助理确定时段、地点、频率，并仔细研读了"知情保密协议书"，与助理若干次修改、确认……最终见到我的第一句话是，要用 5 次咨询考察我。听完 C 先生上面的描述，我不禁倒吸了一口凉气！他对自己要求有多苛刻才能做到如此缜密？我甚至开始怀疑自己是否能做好他的心理咨询师。

首次咨询后，我做的第一件事就是翻看自己的书，因为他提到的其中几处，我居然没有印象。我做咨询记录时也非常忐忑，生怕漏记

了什么下次被"发难"，在他面前我突然从资深心理咨询师变成了一个被老师叫到办公室的小学生。我心有余悸，好一会儿才缓过神，思考这一切感受。我开始联结强迫完美背后的那个小男孩的内心深处，我感受到 C 先生这些年是如何"不放过自己"的，是如何战战兢兢、如履薄冰地生活着的，是如何通过这种极致掌控来保护他脆弱的内在小孩的……如今，我们的咨询工作已进行了 2 年多，当初那一幕幕却宛若昨日。

完美型人格具有七个特点

完美型人格通常具有以下七个特点。

第一，不允许自己犯错。

我的很多来访者都有类似于 C 先生的特质，他们在脑海中设计出完美方案，甚至有一套或几套备选方案，反复演练，权衡利弊，防止出错。

第二，禁止计划被破坏。

与第一点相呼应，一旦旅行计划、工作计划、亲子计划、周末安排等被干扰，就会暴怒、谴责他人，好像对方犯了罪。也会强烈地自责、难过，很长时间都不能原谅自己，即便这个失误在常人眼里并不算什么。两年来，C 先生只有一次请假，我的每次请假他都无法容忍，对自己请假更是强烈谴责。

第三，强迫思维或行为。

强迫思维或行为会表现在各种物品的摆放、清洁打扫、按部就班、仪式行为等方面。也会浮现各种可怕的念头，进行各种强迫设计，总是需要按照他脑海中的设想安顿好，才能安心。比如睡前仪式：几点洗漱、几点上床、枕头的位置、鞋子的摆放、手机的位置、窗户的开闭、睡觉的姿势、灯光的明暗和声音的大小等都要"严格按规则进行"，一旦不按这个规则进行，就无法入睡。强迫症是完美型人格的典型表现之一，强迫症的作用是某种抵消与消除，抵消某种恐惧不安或道德评判等。

第四，必须优秀。

具有完美型人格的人心中对优秀有一套苛刻的标准，比如赚多少钱，获得多少认可，达到什么职称，写出什么级别的论文，在同行中的口碑，等等。他会拼尽全力达到这些标准，严于律己。他认为的普通是别人眼中的优秀，他认为的"躺平"是别人眼里的普通。因此，完美型人格的世俗成就往往很高，但他并不满意，因为优秀必须是一种常态，并且无止境，他最大的恐惧就是失去目前这个优秀的自己。另外，也有完美型人格的人会沉浸在世俗赞美中无法自拔，忘了自己的真实人格。

第五，敏感且脆弱。

完美型人格的人最怕在他最在意的地方被质疑，这会使他感到失去生命的意义，他会无地自容，觉得自己是个废物，他能做的，唯有扭转这个局面，或者彻底自暴自弃。

第六，过度承担。

喜欢把别人的不满意、不高兴归责于自己，认为是自己做得不好才会让对方如此，特别是在亲子关系、上下级关系中尤其如此。因为在他心中有个拯救情结——他有义务让身边的人过得更好。

第七，自我证明。

完美型人格是潜意识的一种自我证明，这种自我证明是没有终点的，是无意义的深渊，像一个黑洞，一个旋涡，会把一个人吸干耗尽。请记住，舞台外没有观众，一分钟都不要花费在表演上。

完美型人格的好处和弊端是同一件事，就是完美与优秀。 周围的人对他的评价很高，会有很多人羡慕他，以他为榜样，就像别人家的孩子永远无法超越，就像 C 先生在单位几乎优秀到了极致——这给了完美型人格的人极大的尊严与价值。这会让他更加诚惶诚恐，并极力保持优秀，但毕竟没人会一直优秀，这让他殚精竭虑。

同时，这类人容易物质成瘾，或许只有在成瘾的状态下，他们才能稍微停下脚步。例如，可能出现烟瘾、酒瘾、食物成瘾、赌博、性成瘾、工作狂、购物狂、刷剧狂、网络成瘾等情况。物质成瘾与依赖是对不完美现实的替代，带来了很多副作用，比如酒精依赖和暴饮暴食对消化系统的伤害、烟瘾对呼吸系统的伤害，以及性成瘾对关系的扭曲。一位疗愈师说道："我把内在的所有抗拒模式，都视为必须释放的东西。生命爱我，滋养我，支持我。我尽力做到最好，一天比一天更轻松。我愿意释放对癖好或成瘾的需求。我超越自己的癖好，让自己更自由。我认同自己，也肯定自己正在改变。我比自己的癖好更有力量！"

传说世界上有一种鸟是没有脚的，它必须一直飞一直飞，在天空中奋斗，在风中睡觉，当它停下的那一刻，就是死亡的那一刻。完美型人格的人就是这样一只鸟。对于飞翔，他有一万种办法；对于停下来，却一点儿办法也不敢有。当然，以上是我描述的一些典型特征，完美型人格是一个**连续谱**，多数人总会找到平衡点。

【练习：让他放松——与完美的内在小孩对话】

1. 想象有根钢丝，有个孩子正走在上面。你也闭上眼睛站起身来，张开双臂，慢慢往前走，想象你就是这个孩子。脚下空荡荡的，有很多让人害怕的东西。去想象它们会是什么？这个孩子走得战战兢兢，但必须无所畏惧，必须克服困境，必须走过钢丝，因为别无选择，你太怕掉下去了！也许你害怕依赖上别人吧，这让你觉得太软弱、太羞耻了，你不能有任何闪失。

2. 你需要休息，你太累了。现在请睁开眼睛，回到舒适的床上，把自己蜷缩成一团，盖上最舒适柔软的毛巾被。想象你正在变小，感受一下四周的安全，感受这个温暖柔软的床铺，以及散发出的熟悉的味道。是的，你安全了，可以放松了，请让全身放松下来，从头部、颈部到腿部、脚部，全部放松，像婴儿一样。

3. 想象一个最安全的地方，爱你的人此刻正坐在床边，一边轻柔地拍打你，一边和你说道："亲爱的宝贝，你太疲惫了，可以不那么用力了，也可以不那么强大了，你只需要放松，只需要休息，允许你脆弱，你已经做得很棒了！请好好休息，我会一直陪着你，这里很安全。"

4. 如果不习惯走钢丝练习，就直接进入上面提到的休息环节，记得说出声音，记得拍拍自己。

四种人格的对比

为了让大家更清晰，我再分别从"遇到喜欢的人"和"遇到孩子被欺负"两种情况来对比说明。

如果遇到喜欢的人

✦ 顺从型人格："只要你开心，我就开心"，或者表达崇拜敬重，情愿做他的小跟班，不断暗示他，"离不开你"。

✦ 攻击型人格：用"我有能力让你开心"或"我很厉害，我很牛，我能搞定，我会罩着你"来隐晦地表达对你的需要。

✦ 回避型人格：会用疏远又与众不同的方式来表达喜欢，让人觉得若即若离或暧昧，因为他们的若即若离就代表"我想靠近你"。

✦ 完美型人格：会通过"我很优秀、很出色"来吸引你，会把关系当作自己的责任，对爱情有洁癖。

如果遇到孩子被欺负

✦ 顺从型人格：给对方赔礼道歉，责怪孩子。但心中对孩子、对自己充满愤怒，会嫌弃孩子没能力、不还手，也会在心里杀死对方很多遍。

✦ 攻击型人格：错的都是对方，让对方道歉或不依不饶，甚至动手，但心中也是忐忑、害怕的。

✦ 回避型人格：会教育孩子离那孩子远一点，躲着点，不要和这类孩子玩，会找第三方来协调，比如学校。

✦ 完美型人格：认为孩子不够优秀，需要锻炼身体，需要加强体格，甚至会给孩子报跆拳道班；也会仔细研究事情的来龙去脉，在细节上反复揣摩，再决定如何做。

第二部分

觉知内在小孩

第四章

探索的核心工具——觉知

第一节　什么是觉知

"觉知"是疗愈内在小孩的灵魂，也是冥想、内观、正念的基础。没有觉知，就看不到内在小孩，甚至可以说没有觉知的人就不是一个完整的人，而是如小动物般仅凭条件反射生活。觉知的两端分别是"全然觉知"和"浑然不觉"，极少有人完全在这两个极端，多数人处在中间某个位置或在两者之间来回移动。每个人觉知的层次、程度、对象有所不同。我们的研究重点是觉知的对象，即"通过……觉知内在小孩"。

觉知包括两个部分：一是"知道了自己的感觉"或者"观察自己的感受"，二是"感觉到了自己的知道"，或者"感受自己的观察"，即用思考和感受去体验自己思考与感受的过程。觉知和觉察的区别类似于"认知"和"观察"的区别，认知带有主观性，是你习惯的固有模式；而观察带有客观性，比较中立。通常来说觉知包含了觉察，为了不引起歧义，在本作品中，觉知与觉察可以通用。觉知本身就是疗愈。在本书中我描述的觉知重点有五个：第一，觉知创伤内在小孩；第二，觉知功能自我；第三，通过哪些途径来觉知；第四，觉知反转；第五，觉知的本质是为了降低创伤内在小孩对此刻的影响，更好地活在当下，这也是觉知内在小孩的根本所在。

觉知的过程包含思考与体验，对应的是大脑与心灵。思考几乎是你每时每刻都在做的事情，停止思考、什么都不想反而十分困难。有意识的思考本身就是觉知的一部分。**体验就是正在经历着一种或几种感受。**比如你很生气，在生气的那一刻你就正在体验生气的感觉，一旦不生气了，这个体验也就结束了，然后可能又会体验另一种感受，比如内疚和悲伤。

多数情况下我们都在觉知，都在体验与思考。比如，当你惩罚了孩子，你分别经历了愤怒、无奈、失望、挫败、内疚、悲伤这些体验，而在当时或事后又会去不断思考这个过程，思考时又会出现别的情绪感受。这个过程就是觉知：**你思考这些体验，这些体验又在不断促使你进一步的思考。**

觉知是需要有"对象"的。比如"当你惩罚了孩子"这个例子觉知的对象分别是：孩子、你、你与孩子的关系、你的情绪、你的思考、你的体验、你的身体和整个事件，以及由这个事件联想到的……它们都是被你觉知的对象。通过对这些对象的不断觉知，你就会慢慢看见更深层的内心，这就是觉知内在小孩的过程。

正如印度哲学家克里希那穆提（Krishnamurti）对觉察的描述，对自己的思想和感觉要永远保持警醒，不要让任何感觉或思想溜走，你要加以觉察，而且要全神贯注于它们的内涵。全神贯注的对象，不只是一些字眼而已，而是把思想、情感的所有内涵都看清楚。就像进入一个房间，立刻就能把这个房间的气氛、内容完全看到。如果能认清和觉察自己的思想，你就会变得非常敏感、柔软和机警。不要谴责或批判，只要保持机警。纯金是通过分离残渣而产生的。

第二节　觉知的三重境界

上文谈到的"觉知"，我称为**第一重境界**，指的是感受思考一切的感受思考。而这些感受思考统统受以往经历与认知经验的影响，通过觉知这些感受思考可以探索内在小孩。在这个过程中一定会有情绪感受和评判，这些情绪感受和评判不会被消除，即使你的意识想消除它们，也是无济于事的。既然无法消除，就把它们变成我们觉知的一部分，为我们所用，最终抵达内在小孩。

第二重境界是"全然观察"，不去探索这些觉知对象背后的意义，不会通过情绪、感受、想法、关系、评判等去探索内在小孩或其他，而只是观察其本身。多数的冥想、正念都指的是这样一种全然观察。

正如《当下的力量》的作者埃克哈特·托利（Eckhart Tolle）所描述的：当你观察它（痛苦），感觉到它在你体内的能量并关注它时，那种无意识的认同就已经被打破了。这时，一种更高的意识状态产生了，我称它为"临在"。现在你是这个痛苦的见证人或观察者。也就是说，它不会再控制你、假装是你，或在你的体内获取新生的能量。你已经发现了你自己内在的强大力量，你已经获取了当下的力量。将注意力集中在你的内心感受上，了解这就是痛苦本身并接受它的存在；别去想它，别让你的感受变成大脑的思维，不要去判断或分析它，别在其中寻找你自己的身份认同；保持临在，继续观察你的内在，不仅要觉知你情绪上的痛苦，更要觉察那个沉默的观察者。这就是当下的力量。通过自我观察，更多的临在意识会自动地进入你的生活。在意识到你没有进入当下的那一刻，你就在当下了……不要去判断或分析你所观察到的内容，就只是观察你的想法，感受你的情绪，关注你的反应，而不要把它们变成个人问题，做一个宁静的观察者。

第三重境界不仅没有任何评判，甚至连"观察者"本身也是不存在的。克里希那穆提说，"纯然的观照"意味着没有一个观者的存在。因此也就没有所谓的压抑、否定或接纳，而只是纯然地看着你的恐惧。只要有恐惧，就一定会有扭曲。当你在追求享乐时，追求本身也是造成扭曲的因素之一。心中有痛苦也是一种负担。因此，当你的心在观察时，它必须放下这些问题，去体悟日常生活之中关系互动的真相……你不妨试试，看自己能不能毫不扭曲，没有任何记忆的干扰，只是默默地进行观察。要做到这一点，你必须深入探究。这意味着思想不能干预观察，即对你所观察的对象不抱有任何刻板印象。那个刻板印象就是"你"——你对被人抱持的各种印象和自己的各种心理反应都会造成你和别人的分界，而分界又会带来冲突。不抱有任何印象，你才能全心全意地凝视对方，而其中便自然存在着爱和慈悲，如此一来，冲突就消失了。这就是没有观察者的观察。你一旦领悟到这一点，思想的活动便止息了。当你的心中没有任何活动时，你的心自然是寂静的，这就是"觉知的第三重境界"。

也许第二重，特别是第三重境界，你不是非常有感觉，或者看不懂，但是没关系，你可以允许自己越过，因为我们的重点放在第一重境界。如果用"执念"代表痛苦本身，第一重境界就是"允许执念并探索执念"；第二重境界就是"放下执念"；第三重境界就是"没有我，哪来的执念"，有点"本来无一物，何处惹尘埃"的味道。

这三重觉知境界是一种循序渐进的关系，没有第一重很难进入第二重，也就无法实现第三重。当然，达到第一重也可能永远达不到第二重、第三重，这也是正常的。也并不存在三重境界的高低之分，它们只是不同的维度，仅此而已。

比如，第二重觉知认为"过去与未来都是幻象"，但我暂时不会这么看，而是认为对过去的执念很重要，因为它可以帮助我们探索现在；对未来的焦虑同样重要，因为它也可以帮助我们探索当下；甚至如果认为过去、未来都是幻象，那么我们还要去探索这种幻象本身……我们所重视的就是认可一切评判、欲望、期待、偏见、渴求、恐惧等，并深入探索它们，最终通过探索它们去联结内在小孩。所以，接下来我描述的一切觉知的内容、级别、对象等都属于第一重觉知境界（有时也会把第二重觉知作为某种具体的练习方法使用，比如我会提倡冥想与正念）。

第三节　觉知的六个级别

　　日常生活中你会有意无意地觉知，但也许意识不到自己正在觉知，或者没有一套完整的思路来指导你去觉知，或者不知道怎么更有效地去觉知。所以在接下来的很多个章节，我会详细且分类别地告诉你如何有效地觉知，并通过觉知来探索到内在小孩。显然，由于觉知程度的不同，内在小孩成长的速度、高度和深度也不同，这可以分为六种情况（按照从低级到高级的顺序）。

　　第一种是"无知无觉"。比如惩罚了孩子就惩罚了，撒完气也就结束了，你不会感到内疚，或很快逃避开内疚，或做些其他事情忙起来，或找理由说服自己，这件事就算过去了，能不想就不想，到这里就完结了。下一次该惩罚还是惩罚，发完火就结束。你不会去思考和复盘这个过程，你懒得去做。你有时也会痛苦，但并不去想这个痛苦是什么，就只是熬过痛苦。更有甚者，在无知无觉的状态中，有些人是感受不到痛苦的。前几天在网上看到有位父亲经常暴打孩子，当别人劝阻时，他觉得很惊讶，并认为孩子是他自己的，有何不可打，且没有任何内疚和痛苦的感受，这就是无知无觉。相信你不属于这个类别，因为无知无觉的人是"不屑"看这种心灵成长类书籍的，更不会相信有什么内在小孩。

　　第二种是"有知无觉"，即有思考、无感受。只是通过自己的逻辑分析、理性思维看待整件事，而没有感受或忽略情绪。只是在思考孩子为什么错了，自己为什么惩罚他，今后如何避免孩子犯错，如何对他提要求，如何不让自己惩罚孩子，甚至认为都是孩子的不对，他不应该无理取闹。也就是说，你只是在"事件"层面思考，你不会去感受自己与孩子的生气、害怕、委屈、内疚、挫败。这种情况多是因为不敢深入探究，这就是"有知无觉"。

第三种情况是"有觉无知"，即有情绪、无思考。完全被情绪牵着走，被情绪淹没了，你只是很愤怒、很绝望、很愧疚，你失去了理智，失去了对情绪的把控，由此激发出各种行为，比如大吼大叫、大声指责谩骂、止不住流眼泪，摔东西砸东西，摔门而去，蒙头大哭，迁怒于他人，不停地抱怨，等等。有觉无知这种情况很常见。

第四种情况是"后知后觉"。对刚开始探索内在小孩的人而言，这十分普遍，指的是在当时被情绪淹没，激发了各种不理智行为，但在平静之后，会去思考，会去复盘，并且会想明白一些事。可能是在事情发生后的不久、当天，也可能是隔天或几天后，也可能会经常反思、时常复盘。后知后觉是最常见的觉知，多数心理学爱好者都属于这个级别。

案例　吼完孩子，发现是自己的投射

刘女士最近反复处在这样的消耗状态：总与 13 岁的女儿相处不好，互相看不顺眼，刘女士要么对女儿的拖拖拉拉无法忍受，要么因女儿的出言不逊而伤心，要么因女儿的成绩和撒谎而愤怒。时间久了，看见女儿就会生气。而女儿也会抱怨刘女士多管闲事，做的饭菜

不好吃，没按时叫她起床等。于是，矛盾冲突不断升级，有几次两个人互相谩骂，还有两次动了手，搞得邻居也来劝架。"我都快疯了！"刘女士不止一次和我说，"我知道应该控制情绪，也知道里面有我的投射，但一到事上就是忍不住，简直气死我了，有时恨不能从来就没结过婚，也没生过孩子。"刘女士接着说："若有什么能让我撑下来，就是写日记，每次和她闹矛盾我都会写日记，然后反思自己，然后感到非常内疚，自我指责，然后再低声下气地去哄她……每次写下来好像也能理解自己一点，也会想到自己小时候父母是如何对我的，但这实在太憋屈了，我太难了！"

刘女士就是通过写日记来"后知后觉"的。刘女士之所以没有"疯掉"，恰恰是因为她是有觉知的（比如她会知道和女儿的互动中有自己的投射，知道内疚会自我攻击，会去补偿，继而又贬低自己的补偿"低声下气"，更难得的是刘女士能联系到自己的原生家庭）。"知道"就是觉知的一种。尽管目前这个阶段十分难受，尽管尚不能更深地联结内在小孩并与之和解，但仅仅是有了后知后觉，就不会让她彻底放弃或真的崩溃。日常中我们说的"反思"就是一种"后知后觉"。

第五种是"当下觉知"。 即在事情发生过程之中你觉察到了情绪、行为，这个觉知会让你暂停下来，会让你不再有更多情绪或更过激的行为。比如骂了孩子以后，你很快就会内疚并反思，会立刻发现刚才的行为不恰当，也会思考孩子哪个点激怒了你。此刻你可能会向孩子道歉，或者沉默，或者回到自己房间，总之留给自己一个空间去思考刚才的行为。此刻的觉知很有好处，它会阻止更有破坏性的行为发生，对关系的愈合很有价值。如果刘女士从后知后觉发展到了当下觉知，她的痛苦便会减轻很多，因为她可能会暂停吼女儿——当下觉知的最大好处是停止正在进行的伤害行为。

案例 在崩溃的瞬间平静下来

Y女士早上起床就不顺，因为没听到闹钟响，早饭也没吃就急匆匆地送儿子去上学。下楼发现天气寒冷，不想骑电动车，上楼拿了汽车钥匙开车去送儿子上学，结果路上严重堵车，儿子还一个劲儿地抱怨要迟到了。终于把儿子送到学校，回家却发现车库门禁卡找不到了，好不容易在路边停下车，打算吃点饭，结果发现冰箱里什么食物都没有。她赶紧换衣服出门上班，又发现车上被贴了罚单。而此时已经过了上班的时间，肯定迟到了。就在她即将崩溃的时刻（很多崩溃就是这些累积的小事成了压倒骆驼的最后一根稻草），她的脑海中突然浮现以往各种类似的崩溃瞬间，如电影般一帧一帧快速地闪过。刘女士就这样靠着车门，鬼使神差地向天空望去，周围巨大的城市喧嚣消失了，有的只是某种平静。她看到天很蓝，白云悠闲地飘来飘去，太阳正在慢慢穿过云层，露出红润可爱的光芒。Y女士突然笑了，她抱了抱自己的肩膀，嘴里嘟囔道："我这个小丫头呀！今早让你受委屈了。"Y女士和这个"小丫头"待了足足有十几分钟，然后她不慌不忙地去附近美美地吃了个早餐，收好罚单，慢慢启动车子，朝单位驶去……

你能想象Y女士的整个心理过程吗？能理解是什么让她没有崩

溃吗？是的，没错，正是"当下的觉知"！就在那个让她崩溃的时刻，她下意识地开启了觉知模式（多年成长的结果），她想到了从前的自己，想到了无数次的委屈和崩溃。她看见了自己的内在小孩（"小丫头"），并用语言和身体安抚了"小丫头"，让她看见了这个喧嚣时刻的天空、云朵、阳光——于是，一切都变了，当下的觉知让 Y 女士瞬间复活，避开了更糟的结果。

"活在当下"和"正念生活"的前提就是：当下觉知。如果不能当下觉知任何杂念、情绪、阻碍，就不可能做到只专注于当下之事。

一行禅师说，每个人都会产生一点身体或心理的不适，最佳的疗愈方法就是开始停止一切，全然地活在当下，让身心自我疗愈。当我们注意呼吸时，出入息就能够变得平静与放松。当我们专注地行走，脑子里不想什么其他事情，也不被任何东西带走我们的注意力时，我们就已经开始疗愈了。如果我们能够这样做，当痛苦的感受再次来临时，我们就能接受它。我们不与痛苦的感受对抗，因为我们知道这也是自己的一部分，我们并不想与自己对抗。痛苦、恼怒与嫉妒都是我们的一部分。当它们浮现的时候，我们可以用吸气与呼气让它们平静下来。平静、沉着的呼吸能够安抚这些强烈的情绪。

我们仿佛能感受到一行禅师这种平静的力量，而真的做到绝非易事，首先需要发展出越来越多的"当下觉知内在小孩"的能力。即使当下觉知的力量有可能无法避开环境和关系的冲击，但至少会避开最糟糕的危险。

第六种，"先知先觉"。这是觉知的最高境界。比如，当看到孩子的某种行为时，你就立刻预感到接下来会被激怒，会失控，因此采取了与往常完全不一样的应对策略。你也许看到了孩子无理取闹的背后是在表达被关注的需要，你没有被他的行为吓到从而激发内在的创伤，也没有像之前那样失控，而是提前把一场冲突或闹剧终结在萌芽中。一切都变了，因为觉知提前，超过了行为和情绪本身。你会觉得自在轻松，也就是我们常说的"已经学会了掌控情绪"。

对内在小孩的觉知，我期待的最好结果是让你养成当下觉知或少量先知先觉，至少是后知后觉的生活习惯。这样你的生活就不会再陷入太多的危机，就会变得平静，而经验告诉我，只要愿意一步步觉知内在小孩并养成习惯，就完全可以实现这一点，至少会让你从强烈的情绪中得到解脱。你并不是没有了情绪，而是看到了更本质的东西，可以提前预防和掌控情绪。当冲突再次发生时，你也就不再惊慌，从而避开了更不可控的危险或更糟糕的情绪。

当然，学习并不能让你全然觉知，你依旧会有觉知不到的地方，也会有控制不住情绪的时候。但这不代表成长无效，而是与习惯有关，一旦拥有了觉知这个习惯，你就是进步了，而**觉知是终生的**，没有尽头！我见证过很多来访者和学员是如何从有觉无知或有知无觉中切实发展出了后知后觉、当下觉知的。

【练习：随机觉知】

让自己停下手中的事情，最好从现在开始，因为你刚好读完"觉知"这个小节，应该会有些念头或情绪。找个舒适的、安静的地方坐下来，拿出你的内在小孩替身，闭上眼睛，观察此刻脑海中浮现的东西，也许是回忆，也许是某件事，也许是一种情绪，也许是某种质疑、评判，也许是某段关系片段……都可以。别去阻止，也不要逃避。觉知自己正走进这些想法，然后就像在放大镜下一样仔细观察这些念头，并与它们待上几分钟，最后睁开眼睛，在内在小孩日记本中记录下来。

第四节　觉知的六种途径

在现实生活中，有六种途径来觉知内在小孩，分别是：**情绪、关系、身体、性、幻想与念头、梦。**

我会在每种觉知对象中分享疗愈内在小孩的方法。如果把内在小孩当作我们此行的目的地，这六种途径就是路标、地图、信号灯，依据它们抵达内在小孩的过程，统称为"觉知"。

不得不强调，分类是无奈之举。"人"这个物种是极其复杂的，不可能只单纯从某一个角度来理解。就像前面章节所说的三种原因和四种人格，这六种觉知途径也是如此，大部分情况下绝不可能单独存在，都是几种甚至六种的混合体。比如：一个人的痛苦可能是因为亲密关系出了问题；情绪激烈时身体也会有反应，比如，愤怒时脸红脖子粗，同时血压飙升，这些都是身体症状；与此同时，这个人很可能有各种想法、念头以及幻想，比如幻想离婚，想象美好的爱情；与伴侣的性关系也不会那么和谐；梦中也会有大量冲突呈现。你看，这些描述囊括了全部六种觉知途径，它们互为因果、往复循环、变幻无常、纠缠在一起。我的意思是，分类的目的只有一个：便于理解。

另外，重点不是教授你解决情绪本身、解决关系本身的方法，因为缓解情绪、缓解关系压力的方法能起到的作用只是暂时的。只有超越关系、超越情绪，看见你的内在小孩，并去理解、接纳、关爱这个"小孩"，负面情绪和糟糕的关系才能从本质上得以改善，这需要耐心，要先联结内在小孩，如同 Y 女士联结"小丫头"。

第五章

◆

通过情绪觉知内在小孩

第一节　情绪是内在小孩的天气预报

通常情况下，我会把情绪和感受作为近义词来使用。情绪往往是不可控的，或者控制成本很高。比如你很生气，假装不生气就很难；你很焦虑，让自己平复下来就需要技巧；你很开心，也很难装作不开心。而要做到不被情绪掌控，单单从情绪本身入手是不够的，需要借助情绪抵达内在小孩。因此，疗愈内在小孩才是掌控情绪的本质。

情绪是内在小孩的"天气预报"，在所有觉知途径中，情绪排在第一位。经常觉知情绪就可以比较轻松地控制它，而不是被它控制，就像前文提到的 Y 女士和刘女士。

人最基本的情绪为"喜怒忧思悲恐惊"七种，即"高兴、愤怒、忧愁、焦虑、悲伤、恐惧、惊讶"。而只有"喜"这一种情绪是正面的，其他都是负面情绪，说明多数情况下人们都是通过"负面情绪"来表达内在小孩的渴望。

"觉知情绪"往往会经过三段路程。第一段路程就是觉知这七种基本情绪；第二段路程是觉知更复杂、更隐晦的情绪，比如愧疚、羞耻、委屈、怨恨、纠结、无奈、孤独、空虚；经过疗愈会慢慢转化为第三段路程，比如眷恋、心疼、感动、感激、平和、宽恕、悲悯、慈悲等更加接近于"爱"的体验，这就是觉知情绪的目的地，也是我们期望的对待内在小孩的态度。

疗愈让情绪得以转化。

在 6 年 300 多次的心理咨询探索后，林子对自己的描述是这样的："以前的我，在和别人的关系中就像乞丐，只有不停地讨好乞求，让自己被他们所用，才能换来一点点可怜的'粮食'，而他们对待我的任何不好的态度会直接让我崩溃，我会整夜失眠，然后永无止境地贬低自己。现在的我，对待自己再也没有了那种无情冷酷，更多的是心疼自己、照顾自己，很少再为别人的评价而自责；恰恰相反，每当有人指责我，我会很快看见自己的内在小孩，我只想去抱抱她、亲亲她，义无反顾地去保护她！去与那个人对峙！"

林子的话恰当地描述了一个人在反复觉知内在小孩以后，就会变成创伤内在小孩的守护者。比如林子，别人对待她的态度没变，改变的是她对待自己的态度（由谴责到保护），以及她对待别人的态度（由讨好到对峙）。

第二节　失控的情绪与主流情绪

那么，当我们处在怎样的情绪中时更接近内在小孩呢？很显然，一定不是普通情绪，而是**强烈甚至是崩溃的情绪**。情绪崩溃时刻就是内在小孩出来的那一刻。那一刻你不再是个成年人，不再能完全区分现实与幻想，不再具有成人思维或部分不再具有成人思维，也不再能辨别面对的是谁。比如，当孩子令你抓狂的那一刻，你真的变成了更小的孩子，而你的孩子好像变成了一个恶毒的大人；再比如，当被陌生人指责，你也变成了孩子，陌生人变成了最伤害你的人，不再仅仅是个陌生人……这样的时刻往往也是容易受伤的时刻。

缓解情绪最简单的方法就是深呼吸。深呼吸的作用有两个：第一是转移情绪，让你从情绪快速转移到呼吸这件事情上；第二是降低崩溃感，剧烈的情绪和平静的情绪相隔甚远，而大口深呼吸会使它们的距离缩短。在深呼吸数秒后，有一半的人从孩子状态恢复到了成年人状态，这就是我们说的"恢复了理性"。所以，**第一个觉知重点就是：失控的情绪。**

"路怒"的背后，藏着一个屈辱脆弱的小孩

我的一个来访者开车送孩子，被前面开得慢慢吞吞的车给气炸

了，当时就下车破口大骂，并与那个司机撕扯起来，完全不顾安全，也不管孩子是不是在车上。这就是典型的情绪失控，也叫"路怒"。路怒爆发时刻，他就像一个愤怒的火球，灼伤别人也灼伤自己。在我的引导下，他慢慢觉知那一刻，并把自己想象成一个男孩的模样……最后他哭了，因为通过觉知，他发现自己之所以崩溃是因为害怕，怕送孩子迟到，怕计划被打破——这会让他觉得特别脆弱无助。而他根本不能接受自己这个样子，这又让他很羞耻，只能依靠本能的愤怒和反击来证明自己是强大的，于是出现了"路怒"。那一刻他屈辱的内在小孩被激活了！

很多情绪的产生并不只是因为某件事，情绪只是一块敲门砖，敲开了你觉知的大门，而大门里面藏着一个无助的孩子，这个孩子就是你的内在小孩。如果这个来访者经常觉知，一旦发生类似情况就看见愤怒背后的脆弱，就能在那一刻告诉自己："没事的孩子，慢一点，不用怕，事情没你想的那么糟。"但通常现实中遇到的不是这样爱的声音，而是更多的催促、指责、挑剔，这就加速了情绪的失控，最终导致做出过激、难以挽回的行为。

令人欣慰的是，**你只需要把失控、焦虑的自己当作一个小孩，情绪就会走向缓和的方向。**这就是觉知内在小孩的神奇之处！这是最简单的方法：仅仅把这个自己当作小孩！

另外，除了失控的情绪，**第二个觉知重点就是"主流情绪"。**

我们经常会有一些相似的情绪感受，好像这种情绪比其他情绪来得更频繁，甚至不需要理由，这样的情绪是弥漫性的，这就是主流情绪。

焦虑的自己，原来是一个害怕的男孩

老李称自己生活的底色就是"着急"。他说话快、走路快、吃饭快，"就像有人拿鞭子催着"，能一分钟吃完一碗面，能在出发前就买好返程票，开车时不允许有车挡在前面。他为此吃了不少苦头，比如经常与人冲突，经常走马观花式地旅游，经常被开罚单。老李朋友少，因为朋友都觉得在他面前很有压力，所以有意无意地躲着他。但这样"急吼吼"也会带来好处，比如在单位很受领导喜欢，因为别人需要用三天完成的任务，他可能一上午就能做完。然而，老李说宁愿不要这样，这样十分内耗，他会自动忽略任何过程，直接达到结果，谈不上任何享受。经过两年的分析和觉察，老李渐渐发生了改变，因为他看见了那个焦虑的自己其实是一个"害怕的男孩"，如果没有又快又好地完成一件事就会被父亲拉出门罚站，他经常因为一些小事被罚站到半夜，农村的夜又冷又黑，他害怕极了！老李的着急只是为了避开惩罚，只有这样，他的内在小孩（他取名为"小李子"）才不那么恐惧——对老李而言，"焦虑"就是他的主流情绪。

这样的主流情绪有很多，如果不觉知或许根本意识不到。比如孤独，有人哪怕是身处人群也会有强烈的孤独感；比如愤怒，有人一小句玩笑都能让他气一整天；比如伤感，下雨、花落、秋天都会让他伤感不已；比如嫉妒，哪怕八竿子打不着的人成功了都会让他嫉妒；比如羞耻，一与异性交往就羞耻不安；比如内疚，孩子没穿暖、没喝水会使他内疚，没让座、闯了红灯也会使他内疚，甚至一棵植物没养好也会内疚……

要辨别自己的主流情绪，可以询问家人朋友对你的普遍印象，其中就有你的主流情绪。通常而言，**主流情绪很可能就是你早年的基本情绪**。

第三节　小事件大情绪、冲突情绪、莫名情绪

第三个觉知的重点情绪："小事件大情绪"或"不匹配的情绪"

案例　敏感不是小题大做

小王是大二学生，她的苦恼来自没有朋友。一旦与同学熟悉就不再放松，越来越扭捏、越来越虚假。对方一个撇嘴、一个皱眉、一声叹气都让小王很忐忑，认为是自己哪里做错了。对方下课和别人多说了几句，她也会很嫉妒，认为对方讨厌自己。她也知道这些都是微不足道的小事，家人也和她说别在意细节，对方也会告诉她根本没那个意思，但她就是过不去这个坎儿，这些小事情对她来说不亚于晴天霹雳。她对这样的自己很嫌弃、很厌恶，这使她更加自卑，更加不合群，也就更没朋友了。

在小王的故事中，能明显看到小事件中的大情绪，对方一个撇嘴、一个皱眉、一声叹气都会掀起轩然大波。很多人就像小王，在别人看起来没什么的小事情，却激发了他们强烈的情绪。换句话说，他们的情绪与事件严重性很不匹配，情绪反应远远超过了这个事件本身，也远远超过了一般人的反应。这时就要有意识地去觉知，因为这

很可能与内在小孩息息相关。**不要责备自己小题大做，这就是你内在小孩恐惧的点，你需要去觉知和探索，而不是贬低与否定。**

第四个觉知重点：冲突的情绪

案例　孩子犯错，家长有时会"窃喜"

　　H 女士经常被老师传唤，原因是她 5 岁的儿子不遵守纪律，有时在课堂上大声喧哗，有时在午睡时发出怪声，有时抢其他小朋友的玩具，还有几次推倒了同学，甚至有一次对老师骂脏话。每次被老师传唤时，H 女士心里总是很紧张，就像她在替孩子受罚，每次都保证等儿子回家一定严加管教。但奇怪的是，H 女士总也严厉不起来，有时还很温柔，甚至能感觉心里是窃喜的。对此她很矛盾，一方面担心孩子没有朋友或被报复；另一方面又觉得儿子还挺勇敢。

　　H 女士既开心又难过、既生气又高兴、既担心又放心，这是非常复杂的心理过程。一般来说，在两种不同的情绪体验中，会有一种明显而另一种则相对隐晦，后者才是内在小孩想要传递的信息。通过不断觉知，H 女士看见了自己的内在小孩，H 女士的性格是温和、顺从、压抑的，是一个在生活中循规蹈矩的人，从来没犯过错，就连红灯也一次没闯过，更不可能反抗权威和领导。但儿子与她完全相反，经常犯错、对抗老师、欺负同学。换句话说，儿子活出了 H 女士潜意识中"梦寐以求"的样子。

　　这就不难理解 H 女士冲突的情绪了：担心与生气是她作为一个

母亲和成年人的情绪；而窃喜是她内在小孩的、没长大的、潜意识压抑的情绪。这两种情绪同时出现让她不知所措，分不清哪种情绪是真实的。这是"矫枉过正"的结果，当自己的内在小孩没有活出想要的感觉，孩子替自己活出来了。她的儿子正在被她当作自己的内在小孩而养育，这对 H 女士和她的儿子都是不公平的。

这样的例子有很多：比如你小时候特别乖，被欺负也不敢反抗，潜意识就会希望自己的孩子敢反抗甚至欺负别人；比如由于失误没完成领导交办的任务，或者在重要场合迟到，你会一边内疚，一边暗爽；再比如，你很想努力奋斗却拖延、没效率，可能是因为你的内在小孩想"躺平"，而不是"内卷"。

如何辨别这些冲突的情绪呢？辨别的方法很简单：多问问自己此刻你觉得是"应该如此，还是愿意如此"。通常情况下，我们总在做真实的自己与别人眼中的自己之间不断地磨合、权衡、妥协。多做一些发自内心的事情，它们才是来自内在小孩的真实感受。经常觉知冲突的情绪，就能分辨出哪些是成长的部分、哪些是创伤的部分。

第五个觉知重点：莫名的情绪

有很多人处在某种混乱的情绪中，觉得心烦、发慌、不知所措，但并没发生什么事情，自己也不知道为何会陷在这样的情绪中。

案例

A 先生经常会陷入莫名其妙的负面情绪，这让他什么都做不了。

如果妻子过问，他就会更厌烦，他不想被任何人打扰，会无端发火、莫名叹气。后来他学会了写内在小孩日记，每次处在这个情绪中时，他都会等一会儿，然后把刚才的自己当作一个小男孩，记录这个小男孩的心理活动，练习几个月后，A 先生渐渐理解了这个"小孩"。因为他从小被送来送去，被不同的亲戚养大，从来没有在某处待过一年以上，而且亲戚们态度各不相同，甚至迥异，这让他很混乱。

莫名的情绪是有好处的，会转移、回避、屏蔽另一种更痛苦的感受。这就是内在小孩发出的信号，好像在说："你好，你能感受到我此刻的处境吗？你愿意理解我吗？"此刻的觉知办法就是"分出另外一个自己"，如同 A 先生有距离地看着刚才的另一个自己。这样觉知多次以后，A 先生终于理解了自己的内在小孩，如他所言："唉，我觉得好多年来一直在忽略自己的真实感受，只是疲于奔命，疲于养家，疲于照顾他人。"

以上就是内在小孩的五种常见情绪。这些情绪出现的目的，就是让你越过情绪本身看见内在小孩，而看见的过程就是疗愈本身。

第四节　缓解负面情绪的三个练习

【练习1：觉知失控的情绪】

　　回忆并描述自己最近一次情绪失控时的状态，越详细越好，包括当时的情景、起因、经过和结果，最后又是如何从失控中慢慢恢复的？记住，一定把当时的那个自己想象成一个小孩。并根据我们描述的方法来安抚他。最好拿出你的内在小孩替代物，最好把它记录在你的内在小孩日记本中。

【练习2：缓解负面情绪——微笑、叩齿、呼吸】

　　事实上，处在任何负面情绪中时，人几乎不能做什么。至于探索内在小孩也往往是"后知后觉"的，其目的不是让你缓解情绪，而是让你通过情绪看见更深层次的内在小孩。然而，负面情绪实在过于痛苦，很多学员依旧问我："老师，我知道您的意思，但当我生气时，实在太难受了，有没有临时缓解的方法，哪怕是'止疼药'！"我深知负面情绪的伤害，就像烈火在体内灼烧，像冰冻着我们，像黑雾笼罩着我们。对此，我总结了三种方法，来作为任何负面情绪（特别是愤怒、焦虑、烦躁）的临时"止疼药"。它们分别是：微笑、叩齿、呼吸。不是让你同时使用这三种方法，而是在情绪笼罩时按习惯选择使用。

微笑法：就是微笑，只是微笑。哪怕你笑得比哭还难看，但也要强迫自己微笑，最好对着镜子微笑。你可以感受微笑的脸部肌肉，可以感受微笑的心酸，可以体验微笑的尴尬，但管他呢，你一个人，只是微笑。也可以对着微笑数数："一个微笑、两个微笑、三个微笑……"当然也可以大笑，哈哈大笑，不管你的笑听起来多恐怖，就只是大笑。

叩齿法：不是用手指去敲牙齿，而是上下牙齿的碰撞，发出"哒哒"的声音，去听听碰撞的声音，感受口腔里的变化，感受肌肉的收缩与舒张。你也可以数数，就像数微笑一样，从 1 数到 100。你也可以自行创造节奏，比如就像"咚锵锵、咚锵锵"的鼓点，每一次"咚"叩一下牙齿，然后"锵锵"叩两次牙齿，如此反复进行；也可以"咚咚锵咚锵、咚咚锵咚锵"5 个节拍一组；也可以用某一首歌的节拍韵律……总之你把注意力转移到叩齿上，你需要的只是去叩齿。

呼吸法：可以深呼吸，"吸气—呼气—吸气—呼气"，尽量去延长吸气呼气的时长；也可以有意识地控制呼吸，比如急促呼吸、吸气时间长呼气时间短、呼气时间长吸气时间短、带有声音的吸气呼气等；也可以数呼吸，从 1 数到 10 或数到 100 不等；也可以感受呼吸中的热量、胸口的起伏、周围的温度湿度等；也可以用脚步配合呼吸，比如三步一吸三步一呼、五步一吸三步一呼等；也可以闭上眼睛想象呼出来的都是带有黑暗能量的情绪，吸进去的都是清新的空气和美好的心情；也可以伴随呼吸做上下肢运动；也可以伴随呼吸叩齿；也可以对着一棵树、一朵花呼吸……总之就是把注意力尽量转向呼吸之间。

【练习3：化解怨恨与愤怒】

怨恨与愤怒就好像毒药，它们都是对自己消耗巨大的负面情绪，有时像烈焰灼烧气血，有时像蚂蚁啃食心灵，有时像黑洞吞没自我。怨恨与愤怒有时会指向具体的人，有时指向具体的事，有时指向自己。怨恨与愤怒也会令人陷入无边的抑郁与羞耻，也会让人暴怒、歇斯底里，做出难以理解的行为。**缓解怨恨与愤怒分为两步：第一步，宽恕自己；第二步，放过他人。**

宽恕自己：反复与自己进行以下对话，并觉知过程中发生的一切。

1. 愤怒是我内在小孩最后的倔强，这个孩子陷入了深深的委屈，他被伤害了。他很无助也很无辜，因为被误解，因为被无视。

2. 这个小孩可以愤怒，可以歇斯底里，可以做出不理智的行为，因为他实在没办法表达不公与怨恨。我允许他愤怒地大声说出需求、表达期待、回击伤害、斥责不公。

3. 亲爱的小孩，我通过愤怒看见了你的委屈与脆弱，你多渴望别人也能看见啊。亲爱的小孩，愤怒是为了保护脆弱，你可以脆弱，不必羞愧。

4. 来吧，我的小孩，我愿与你共同承担，它们就是我们的一部分，没啥大不了的（此刻可以抱紧自己的双肩，拍拍自己，抚摸自己）。

放过他人：想象这个人就蜷坐在你对面，请反复对他讲下面的话，每说几句就深呼吸几次。

1. 我恨你！讨厌你！你怎么可以这么对我！你真是个恶魔、人渣、骗子、伪君子、贪婪的吸血鬼！我如此不堪，全都拜你所赐，全是你的错！（反复斥责并观察对方的表情以及自己的身体反应）。

2. 我不选择原谅，也不接受道歉。你应该受到惩罚，承担责任！而不是伤害我、消耗我。这与我无关！现在请听好：这是属于你的痛苦、你的创伤、你的恐惧、你的罪恶、你的羞耻、你的胆怯……现在我把它们统统还给你，你有责任去承担它们。

3. 我决定撤回放在你身上的能量，我不再用怨恨、愤怒来表达，我不会拿你的错误来惩罚自己，你没办法再扰动我了。

4. 现在，我决定结束与你的纠葛。我会降低内在小孩的期待，我会投入更滋养的关系。我已经长大，不需要你来满足我。**我放过你，也放过自己，我是自由的。**

第六章

通过关系觉知内在小孩

第一节 关系是照见自己的镜子

我在我的另一本书——《孤独之书》中说过："关系里的孤独是每个人在世俗中必须经历的，多半也是痛苦的，往往伴随着求不得、放不下、爱别离、无人懂等，当关系达不到期待的亲密之时，就是孤独来临之日。到此我得出了一个永恒的悖论：终极孤独让我们渴望亲密关系，而关系的建立却又带来了世俗中的孤独。"这就是关系的本质！关系是为了缓解孤独感，但我们好像饮鸩止渴，最终迷失在关系之中。

判断一段关系是否滋养你的标准就是"放松感"。你在关系里的感受越松弛、自然，说明这段关系越安全、越疗愈；相反，如果在这段关系里感到的是紧张、忐忑、压力、心累、委屈，甚至是恐惧、羞耻、怨恨，说明这段关系是在消耗你而不是在滋养你。如果还离不开，那么请思考在其中你得到了什么"好处"。

通过关系觉知内在小孩，关系在此变成了一种渠道而非结果，关系只是路标或地图，内在小孩才是目的地。因此，任何关系中的重中之重都是：你与内在小孩的关系。在任何关系中都要问自己，此刻你的内在小孩还在吗？他在干什么？一切关系都只是镜子，目的是照见自己的内在小孩。

在没有觉知内在小孩的情况下，在关系中就会形成自然、习惯、本能的互动方式。比如你被伴侣指责，一般会出现以下这些反应：

+ 着急争辩，以此来证明自己没有错或证明是对方的错；
+ 没说几句就夺门而去，独自生闷气，不搭理伴侣；
+ 做些其他事假装不在乎，假装对方没有伤害到自己；
+ 开始自责，觉得是自己不好，继而去迎合对方。

这些行为都非常快速地发生，都是本能的条件反射，但问题并没有解决，你只是用下意识反应逃开了某种感受。事实上，**你真正需要做的是在被伴侣指责的时候停住，进行觉知**，或在你们争吵后觉知。

怎么觉知呢？

【练习：觉知关系里的内在小孩】

去感受被指责时的自己是个小孩，觉察这个小孩的感受，而不是很快把重点放在如何回应对方上。也许你觉知到这个小孩很愤怒或很委屈，或觉得很不公平、很害怕，从来没有被好好对待等，此刻就先停下来，让自己和这些情绪待一会儿。

同时，你可能会有一些联想，比如，想到了别人也总是这样对待你，想到了你总是忍气吞声，总想大吵一架，想到了早年被父母指责时的情景，等等。这些联想都很珍贵，都是探索你内在小孩的敲门砖，你要做的就是与这些感受和联想待在一起，去做一个观察者，就那样看着它们。过一会儿，你就可以做一个疗愈者去安抚这些情绪，也就是安抚内在小孩。比如，你可以对内在小孩说："亲爱的，我看到了你，感受到了此刻的你很委屈。"也可以说："没事的，别怕，有我在没人敢欺负你。"然后想象这个孩子会有什么表情，他想对你说些什么，然后抱抱自己，或者写下这些对话。这个过程，就是通过关系来觉知内在小孩的过程，经常这样觉知，你与伴侣的互动模式就会发生改变。当然，其他关系也是如此。

只要有关系，就会有期待，如果期待不能得到满足，内在小孩就很容易被激活。我们下面要谈的这些情况往往就是你的内在小孩在关系里被激活的常态。

第一种觉知来自激发强烈情绪的关系。

关系与情绪是分不开的，情绪被激活大多是在关系中发生的。这一点如上文描述，不再赘述。

第二节 "开关效应"的关系

第二种觉知来自"开关效应"的关系。

D 女士是外企高管,她的苦恼简单又广泛,就是在任何关系中都会感到"被打分"。无论是伴侣、女儿还是领导同事,甚至是下属,D 女士在与他们相处时总能感到他们对自己的评判。在批评与满意之间就是 0~100 分的"考试",而她觉得自己从未及格过。这是一个很消耗的心理游戏,在外界看来她是个交际能力很强的人,但谁又知道她在关系里的感受却不及格呢?不及格的原因很简单,就是容不得别人对自己有一点点不满,甚至只要不被认可和表扬,对 D 女士而言就代表了不满。她心中好像有一个开关,别人一对她不满,她就"立刻变小","变小"就是一个很小的小女孩犯了一个很大的错误,她站在那里脑袋发蒙、头皮发紧,如同等待老师宣布最坏的结果,接受惩罚。"别人一不高兴,她就认为是自己哪里犯了错"——这个"开关"非常灵敏。时间久了,她渐渐远离人群,逃避开会,更重要的是她做任何事情都会发慌紧张,完成一个简单的报表就像丢了半条命,战战兢兢、如履薄冰,生怕自己"搞砸了"。

"开关效应"就是在关系之间有个开关,别人一按,你就有相应的反应。"对方一……你就……",孩子一拖延你就批评他,伴侣一回家晚了你就愤怒,领导一布置任务你就心烦,同事一开玩笑你就觉得是在取笑你……

此时，**我们要将重点放在觉知自身感受而非这段关系本身上。**比如孩子一拖延，你就会去指责他，你为何不能接受拖延呢？他的拖延激活了你怎样的感受？也许是让你觉得自己不是个好妈妈，也许是你不能忍受计划被破坏，也许是你不能接受破坏规则，也许是你不敢反抗权威，也许是你没法做自己，等等。总之，最终的觉知会让你发现自己的内在小孩而不是孩子拖延本身。在那一刻，他不再是一个孩子，你也不是一个成年人。

就像 D 女士，就算那一刻的关系对象是自己的女儿、自己的下属，但他们的不满即刻让她的大部分变成了一个"孩子"，只有小部分的"妈妈角色"和"上级角色"。在这样的状态下如果再对自己强烈谴责，她简直就无地自容。D 女士只在我这咨询了一年，就很深地看见了自己的内在小孩。她给内在小孩取名"娃娃"，并把自己 7 岁时的照片当作替代物，照片里的她站在海边，抱着一只玩具小熊，腼腆地笑着。从那以后，她把"娃娃"摆在了电脑旁，她在关系里的每时每刻，都在告诫自己，"现在害怕不及格的是我的内在小孩，不是成年的我"，并且会亲吻、拥抱和鼓励自己的内在小孩。慢慢地，D 女士的"娃娃"长大了，她知道那不是她真的犯了错，而是小娃娃特别害怕犯错的"感觉"。这样的觉知，让她不再责怪自己，让她放松了很多，让她自我理解。如今我与 D 女士，还有她的"娃娃"依然在一起，我们会继续前行，打破"开关效应"。

第三节　错位的关系与相似的关系

第三种觉知：错位的关系

错位的关系是，颠倒或混乱了自然的角色位置，就是俗话说的"当爹的没爹样、当妈的没妈样、当孩子的也没个孩子样"。特别在家庭三角关系中，不能错位，父母要执行父母的角色，孩子要享受孩子的角色。家庭关系错位就不同了，很多孩子被养成了"小大人"，被迫承担本不该承担的角色，而父母双方或一方则变成了被喂养的孩子。

案例　把妈妈当孩子养的男孩

小文是个有责任心的阳光男孩，今年读初中3年级。他来找我是因为不想上学，觉得太累了。通过7次的咨询得知，他不想上学的真实原因是"心累"。这个"累"不仅是学习上的，他回家后的第一件事就是给卧病在床的外婆做饭，再等着妈妈下班，妈妈在一家工厂当操作工，经常加班。小文的爸爸在他3岁时就同小文的妈妈离婚了，妈妈把外婆接过来一起住。在小文印象中，妈妈和他交谈的话题除了学习就是"爸爸带来的伤害"，妈妈经常对小文哭诉，抱怨爸爸的各种不好，小文从小就学会了安慰妈妈、保护妈妈，有时深夜了也忍着瞌睡听妈妈倾诉。给妈妈擦眼泪成了小文最多的童年记忆，他却从来没一句怨言。他最大的理想就是考上大学，让妈妈过上好日子。他是妈妈唯一的希望，妈妈也经常在亲戚朋友面前夸小文懂事、有担当："养了个宝贝儿子，比我父母都知道心疼人。"

案例　把老公当孩子养的妻子

温女士在我这里做心理咨询 2 年了。我清楚地记得她讲得最多的一句话："我养了两个儿子，一个是我儿子，一个是比我儿子还小的儿子，就是我老公。"刚开始说这话的时候，她的眼里充满了自豪和幸福，有一种说不上来的母性的力量。我在为她做咨询时，也感受到了她的母性以及她对我的照顾。作为心理咨询师，我很省心，因为每次她都按时开始、按时结束，与我分享这一周的重要经历，并谈论自己的感受、情绪，然后展开自由联想，用心理学的知识来解释自己的描述，整个咨询下来，几乎没有对我有任何提问，并且还经常问我累不累，让我注意休息。不过，近期明显变了，她还是常说那句话，但充满了愤怒和不甘，和老公也会吵架、争执。有几次咨询还迟到了，也不像原来那样一个劲地道歉了，好像理所当然的样子。还有两次对我表达了不满，觉得我什么也不做，只是在听，这样的心理咨询恐怕没有价值。

上面的两个例子特别明显：小文成了妈妈和外婆的"父母"；而温女士成了老公的"母亲"，温女士的儿子成了老公的"哥哥"，温女士变成了咨询师的"照料者"——这些都是错位的关系。这里面充满了大量的心理元素和原生家庭的影响。重点在于,很多关系错位发生在潜意识中,家庭成员之间相互默认、心照不宣,谁也意识不到或不愿意去探究,直到孩子出了问题,才发现是整个家庭关系生病了。就像如果小文没有辍学,这样的畸形关系就会继续延续。因此,**家庭关系生病了,孩子会第一个站出来**,站出来的方式就是"出了问题"(比如辍学、网瘾)。

从内在小孩的角度而言,你一旦发现哪里不对劲,就要这样思考:我的内在小孩在哪里?我和谁的关系不是我认为应该有的关系?最常见的就是亲子关系和伴侣关系。你这样问自己:"我要找一个伴侣,还是找一个父亲(母亲)?""我要养一个孩子,还是养一个伴侣?""我把孩子当成应该照顾我情绪的父母了吗?"如果你的回答并不是你想要的,说明此刻的关系是错位的,而错位的关系正是对你的提示。在错位的关系中,你的内在小孩往往有两个部分:一是你的内在小孩正在向不应该的人索爱;二是你对待某人的态度正是内在小孩渴望被别人这样对待的态度,也就是无条件接纳的爱,而你被剥夺了这份爱。

第四种觉知:相似的关系

相似的关系特指总喜欢同一类人或讨厌同一类人。比如你就是讨厌强势的人、用情不专的人、懦弱的人、不讲信用的人,甚至是圆脸的人、身体粗壮的男人、穿戴特别整齐的人……或者特别喜欢留长发的人、大男子主义的人、温和的人等。此刻你需要展开觉知，问问自己为何如此？在联想中一定会找出某些相似的早年经历。

+ 比如你的母亲可能留着长发，而你们的关系很好。
+ 比如你的父亲可能穿戴整齐、身体强壮，而他经常打骂你。
+ 我有个来访者特别讨厌戴眼镜的男人，因为他的哥哥就戴着眼镜，而父母重男轻女，哥哥抢走了父母对她的爱。
+ 还有人见不得别人被欺负，特别是小孩子、小动物被欺负，哪怕只是看到这类新闻都会流泪，同时又非常愤怒，会各种讨伐，因为他在小学时经常被欺凌。
+ 还有人特别喜欢强势、霸道、蛮横的人，因为他的父亲特别怯懦、软弱、无能。
+ 有人讨厌喝酒的人，因为父亲喝酒后会打他。
+ 有人却喜欢喝酒的人，因为父亲喝了酒就对他特别亲。

一旦内在小孩有过创伤，那么在觉知并疗愈内在小孩之前，你遇到的所有关系都是不完整的，都是带有偏见或夸大的。你会理想化这个人，也会把内在小孩投射给这个人。在上面这些例子中，关系都是带有某种偏见的，你看到的并不是对方真实的性格，换句话说，你并没有看见对方这个真实存在的人，而只是"投射自己的创伤内在小孩"。你也会为此付出代价：比如，可能因为喜欢对方留长发而忽略了其他特质，等到婚后发现原来留长发的人不一定温柔；比如，可能因为讨厌喝酒的人而找了滴酒不沾的人，生活在一起才发现，滴酒不沾的人也是会伤害你的；再比如仅仅是有人对你好一点（夹了一口菜，送了一把伞），你就爱上他，因为你被严重忽视了，一点温暖就会让你破防；又比如，你会放大对方的批评，因为你太在意自己在别人眼中的样子了。

这一切都是创伤内在小孩带给你的提示，你需要更深入觉知这一切，才能慢慢卸掉防备，才能真实地与一个人在一起，而不是与你心里的那个人在一起。投射的关系令人非常痛苦，因为时间久了会发现他并不是你想要的那个人。

这样的例子有很多，大概包含五种含义。

1. 你在别人身上看到了自己内在小孩的脆弱，所以你会特别讨厌他，或者想要拯救他、改变他。

2. 别人做到了你做不到的事，你会羡慕他、模仿他、崇拜他，也会嫉妒他、诋毁他、贬低他。前者是因为你想要活成他的样子，后者是因为他让你觉得自己特别糟糕。

3. 特别讨厌或喜欢一类人是因为这类人符合早年养育者的部分特征或相反的特征。

4. 总喜欢与不如自己的人在一起玩，因为他让你感觉自己没那么糟。

5. 你特别重视孩子的某个方面，是想要让他活出你活不出的样子，或者担心他活成了你害怕的样子。

请记住这些关系里的特质，这就是你的内在小孩通过潜意识展示他自己的部分人格，希望你能够更懂他，而不是把精力消耗在对方身上。只有理解了内在小孩，外部关系才会改变，比如：

+ 当你看到孩子拖延只是激发了你的不够好时，你就不会再像以往那样责骂他了。

+ 当你看到厌恶同事只是因为潜意识里讨厌父亲时，你就不会再那么讨厌同事了。

+ 当你看到伴侣的指责或冷漠之所以让你大动干戈，只是因为他的强势激活了你内在小孩的恐惧，为了避开恐惧你不得不大干一场或顺从讨好时，你也就不会再因为对方做了什么而情绪失控或讨好了。

+ 当你觉知到重视孩子的勇敢可能是因为你希望他不像你这么懦弱时，你也就不会再贬低孩子的胆小，也就不再使他为了得到你的爱不得不假装勇敢坚强，因为你接受了自己的内在小孩是可以胆小的。

第四节　代际传递的关系

第五种觉知来自代际传递的关系。

所谓"代际传递"，指的是你与原生家庭的关系在如今的核心家庭中再现了，就好像复制过来了。复制的方式有很多表现，比如，你的性格越来越像母亲，你与伴侣的互动很像父母之间的互动，你对待孩子的方式很像父母对待你的态度。或者"**反向复制**"，你的性格与母亲相反，你与伴侣的互动与父母的互动相反，你对孩子的态度也是相反的。这种相反像是一种"反抗"或"报复"，却会矫枉过正。这些在现实中也很常见。

案例　把女儿养成了母亲

经过一年多的心理咨询，薇薇才意识到苦恼源于自己，或者说来自自己的内在小孩，而不是亲子关系，她与女儿的关系只是一面镜子。女儿经常因为在学校的"不良表现"被点名，有一次女儿甚至扇了同桌一耳光，被全校通报。薇薇也被班主任多次叫到学校谈话，但每次都很无力，"孩子不听我的呀，我也管不了"，每次都不了了之。在家里，女儿就像女王，经常对她发号施令，她则是言听计从，生怕哪里照顾不周让女儿受委屈。女儿玩手机、不写作业，甚至和同学外出不归，她都允许。薇薇认为自己是在接纳女儿，每次丈夫想管教女儿，她总说"她现在学习压力那么大，让孩子放松一下吧，你看每年得抑郁症的孩子那么多"，丈夫被这么一说，自然也就不管了。时间久了，女儿养成了飞扬跋扈的个性，以自我为中心，根本不顾及他人的感受。如今通过我们的探索，薇薇好像看见了一些"真相"，那就是：她不想让女儿受一点点委屈，是因为她自己从小受尽了委屈。她的母亲对她非常苛刻和冷漠，她决不允许女儿变成自己小时候那样。说到这里，薇薇掩面而泣。

你看，薇薇与女儿的关系就是一种代际传递，和她与母亲的关系相反，女儿的性格在她的养育下变得和她相反，而她自己的性格和母亲也是相反的。我们明显看到，薇薇养育女儿的过程大部分就是薇薇养育自己内在小孩的过程，这很让人悲伤，因为女儿本不该成为薇薇内在小孩的复制品。更令人痛心的是，薇薇与女儿的关系再次变成了薇薇与母亲的关系，只不过女儿变成了母亲嚣张的样子，而薇薇还是噤若寒蝉。代际传递继续延续了创伤体验。

案例　强迫自己勇敢

赵先生留给别人的印象是勇敢、霸气、男子气十足、有责任感、有担当、果断、坚强。他是做二手车销售的，在业内小有名气，为人豪爽、讲义气，朋友遍天下，他们经常一起自驾游，乐此不疲。赵先生有个儿子从小就以赵先生为榜样，每次作文写最崇拜的人，儿子都毫不犹豫地说："是我老爸！"但没人知道的是，赵先生患有严重的"强迫症"，他在做任何事情之前都会在脑海中演练无数遍，会花很多时间摆放各种汽车模型，直到精疲力竭才会着手去做，这样才能把那件事做得很好。在大家羡慕的背后是他无尽的消耗，以至于近两年赵先生的身体每况愈下，浑身无力，胸闷气短，还查出了肾炎。赵先生最不能接受的就是"软弱、胆小、优柔寡断"。"我宁愿死也不愿自己成为这样的懦夫！"赵先生经常这样告诉我。

事实上，这就是赵先生的代际传递，因为他最瞧不起的这些特点正是他的父亲具有的。父亲懦弱无能的形象令赵先生刻骨铭心，父亲经常被村里人欺负嘲笑，经常被母亲指责羞辱。母亲也从小教育赵先生："这辈子你千万别活成你爸这副窝囊样！"于是赵先生变成了今天的样子。

有勇敢就有怯懦，有阳光就有阴影，一个人如果只活出一面，另一面一定会变形为十分隐晦的问题，比如赵先生的"强迫症"。儿子崇拜赵先生，但是赵先生这一生都不可能指望父亲，"父亲"这个形象在赵先生内心不但是缺失的，更是负面的，是无能、窝囊、屈辱的存在——创伤在祖孙三代的男性之间进行着某种传递。除非赵先生觉知这一切，再经过漫长的时间与心中的父亲和解，或者说与不能接受的懦弱的内在小孩和解，否则赵先生很可能会越来越自我消耗。我也担心他的儿子最终会活成像爷爷一样胆小懦弱的人，因为赵先生是如此强大，潜意识怎么能允许儿子超过他呢？

案例　一个"窝囊"的丈夫，是妻子需要的

魏女士精明能干、顽强、有能力，她最大的苦恼就是找了一个窝

囊的丈夫，性格懦弱无能、情商智商双低、工资少得可怜，还不够养活自己，经常向魏女士伸手要钱，最近又被公司裁员。魏女士让他跟自己干，但这让她更加愤恨难平，因为即使交给丈夫一点点小事，他都做不好，比如发传单都会发错，约个客户都谈不好时间。魏女士经常对他破口大骂，但丈夫从不生气，一个劲点头认错，而这个"熊样"又让魏女士更加愤怒，她一直在考虑要不要离婚，但为了儿子一忍再忍。

对于魏女士来说，她婚姻的最大价值就是"安全"。因为魏女士从小就被父母辱骂责罚，父母之间也天天吵架。魏女士小时候只有学习好、干家务麻利、会察言观色，才能避开虐待。而她的丈夫虽然无能，至少没有伤害她的可能。因此魏女士婚姻的意义就是"用一种痛苦避开了另一种更大的痛苦"，前一种痛苦是对婚姻的不满，后一种痛苦是被虐待的恐惧。这是值得的，副作用就是魏女士不得不挑起家庭重担的责任，因为她的潜意识就是希望丈夫无能软弱，这样他就没机会伤害自己了。

这样的夫妻关系也是代际传递的，只要婚姻关系中有一方经常抱怨要离婚但又没有离婚，就一定是在婚姻里满足了某一种需要，也许是魏女士这样"安全的需要"，也许是避开另一种危险的需要。**这样的婚姻很难有爱情，因为它的基础不是爱情，而是生存、安全，是活下去，是变相地通过对方养育自己受伤的内在小孩。**

第五节　与金钱和机遇的关系

第六种觉知来自与金钱、财富、机遇的关系。

这是一种特殊关系，是一种与非生命的关系，却和生命关系十分相似。有时人与人的关系处理不好，与金钱、名誉、地位、机遇、职业的关系也处理不好。很多成语都在说明这一点，比如"怀才不遇""德不配位""名不副实""华而不实""郁郁不得志""错失良机"等。

比如身边的日常：

+ 有些大爷大妈衣食无忧，却喜欢捡垃圾，在一般人掩鼻绕道而走的垃圾桶中翻来翻去，每翻出一个纸壳或塑料瓶，就像捡了个宝，乐此不疲。

+ 有些人喜欢在代购点、便利店、保健品店排队，顶着炎炎烈日，经过烦琐手续后领一袋洗衣粉、一包盐或几个鸡蛋。

+ 有些人家境殷实，拥有豪车豪宅，却总爱去早市、批发市场或网上买价格低廉的衣服和首饰，并喜欢吃便宜的食物，即使面对一桌山珍海味，也还是选择吃菜粥或泡馍。

+ 有些人有才华、有能力，也一直在期待更好的机会，但机会（譬如通过考试就能实现升职加薪）来临时又总是鬼使神差地"错过"。

- 有些人被别人夸赞、优待、奖赏、羡慕的时候，总是局促不安，无法享受别人对自己的"好"，要么拒绝，要么忐忑，要么必须做点什么"还回去"。
- 有人给孩子花钱大手大脚，甚至总买最好的、最贵的，给自己买东西却舍不得，各种讨价还价、纠结权衡，最终才决定简单犒劳一下自己。

这些例子中的行为绝非一时冲动，而是多年的日常习惯，甚至是兴趣爱好。我称为"**贫穷创伤**"，这里的"穷"包含物质上的和精神上的，物质上的贫穷的确更容易导致精神上的不配得感。

贫穷和其他创伤一样，深深地烙印在心中，影响着我们生活的方方面面，形成了内在小孩独特的贫穷创伤。

案例 宁愿挨饿，也不愿被人知道自己很饿

有位学员这样哭着回忆道：刚上中学时，同学都是带一天的饭，有人还有零花钱，而我每次都是煎饼咸菜，咸菜是很咸的那种，这样就可以少吃点。煎饼也不够吃，一星期只能带5张，挨到周末回家再拿。就这样整整过了3年！那时根本吃不饱，偶尔会偷偷捡别人剩下的菜叶，每次吃饭都不和同学一起吃，我总跑到操场没人的角落，把煎饼泡在开水中快速吃完。有一次去食堂捡菜叶被同学看见了，当时感到无比羞耻，从此我宁愿饿着也不去捡菜叶了。还有一次，有同学给了我半块馒头，从此我见他就低头绕过去，觉得特丢脸。我买不起校服，就想办法不去上体育

课,不去做操,因为怕排队时和别人不一样,就像一群白天鹅中硬塞进去一只丑小鸭……

是啊,饿肚子不可怕,可怕的是被人看到自己其实很饿;鞋子挤脚不可怕,可怕的是被人看见鞋子太小。屈辱感让整个世界都在嫌弃自己!

贫穷也更容易引发家庭危机,包括父母自己的人格、父母关系,以及父母对孩子的态度。比如父母吵架,我们也叫"打穷仗",越是没钱就越容易吵架,内容大多是要不要存点煤、要不要买点肉、要不要把剩菜扔掉、要不要置办个家具、孩子学费怎么交、串门走亲戚买什么、过年要不要买新衣服……你也总会看到这样的场景:父亲蹲在地上狠命抽着廉价香烟,母亲坐在床头掩面哭泣,孩子无所适从地僵在那里——这样的画面似乎变成了生活的常态。在对待孩子的态度上,父母总是三句话不离钱:考不上学就会穷一辈子,别念书了,赶紧去赚钱养家;没钱就嫁不到好人家,没钱就会低人一等,你看谁家那谁,不就是因为没钱……孩子会敏感地觉察到父母面对贫穷的态度:他们总舍不得吃舍不得穿,总把好的留给孩子,总把好吃的藏起来,总是强颜欢笑;在亲戚邻居面前,他们总是低三下四、点头哈腰、讨好献媚,甚至不敢大声说话……

以上经历都会给孩子带来创伤,**父母面对苦难的态度决定了孩子最初的价值观**。而孩子唯一能做的就是:逃离这个家,逃离贫穷。最终,有人考上了大学,走出了农村,来到了大城市,甚至走出了国门,好像远离了原生家庭就远离了创伤。然而事实并非如此,没经过足够的心灵成长，尽管在物质上富足，心中却依然有着"贫穷的内在小孩"。

贫穷的内在小孩的主要表现还有"低自尊"与"罪恶感"。**低自尊就是"不配得感"**，不敢拥有好东西，比如穿好的衣服、买贵的首饰、住好的房子、有好的工作等，也不敢接受别人对自己好。在爱情中，因为喜欢的人"太优秀"而不敢靠近，总觉得配不上人家。百转千回中最终与之组建家庭的多是普通人，甚至是窝囊的人，尽管不甘心，但在潜意识中认为唯有这样的人自己才配得上——**大多数灰姑娘是没勇气穿上那双水晶鞋的。**

而**"罪恶感"来自背叛。**一旦变得富有，就会忐忑，总是鬼使神差地把财富散掉，要么失业，要么破产，要么花天酒地迷失了自己，要么把家庭搞得一团糟，要么把身体搞垮了……这可能是因为潜在的罪恶感，认为自己背叛了过去。若父母还在农村或已离世，罪恶感就会加重，就会无意识地"自我惩罚"。失业破产、搞垮家庭可能是在自我惩罚。或者充满压力，惶恐度日，生怕有一天会失去这一切。

对孩子而言，因贫穷诱发罪恶感的往往只是一点小事。有位男士说，小时候家里穷，有一天偷了邻居家的半截香肠，从此就觉得自己是个"罪人"；有位女士7岁时把留给弟弟的饼干偷吃了，被母亲发现后扇了一耳光，从此就好像低人一等，处处看人脸色，生怕被人看到自己的"肮脏"。

总之，贫穷的内在小孩拥有不公平感、屈辱感、罪恶感、低自尊、不配得感。面对"贫穷创伤"，有两个疗愈方向。

首先，其实你一直在"自我疗愈"，只是没有觉知。上文所说的那些现象，都属于"对创伤的反转"。当你在捡垃圾、买劣质衣服、吃剩菜剩饭、贪图免费商品时，就是在重复贫穷创伤经历。但今非昔比：第一，你已不是早年那个小孩，你长大了；第二，这些都是你的主动选择，具有掌控感，而不像早年那样被动地受罪；第三，如今你是富足的、安全的。永远记住，有伞不打和没有伞完全是两回事，有钱不花和没有钱也完全是两回事。

其次，**经常与贫穷的内在小孩对话**。安静下来，走近他，听听他的心声，让大脑放空，自由联想，让回忆浮现，让经历再次靠近，然后沉浸其中细细品味，不要怕，尝试去安抚这个自己。告诉他，如今你可以享受一切美好，也有资格接受别人对你的好，你并不需要报答，也更有资格对自己好。支持你的内在小孩，问问他：**"敢不敢拥有属于自己的蛋糕并吃掉它？"**

是啊，如果你赚钱、花钱时心怀怨恨、自卑、愧疚等情绪，财富就很难再循环到你手上。相反，如果能用放松、喜悦、自信的态度来对待金钱，你就打开了自由流动的财富通道。

【练习 1：我值得拥有财富（自己朗诵）】

我允许自己收入不断增加，

我可以超越目前的收入。

我不听别人告诉我能走多远，

或者能做什么，

我可以轻松超越父母及家族的收入水平。

我要清除别人带给我的任何限定。

我的财务意识会不断扩展，

我值得拥有更好的待遇，

我可以摆脱所有不配的感觉，

完全不必有罪恶感或恐惧。

我准备接受一个安稳的新高度，

我会越来越富足，

越来越自由。

【练习2：觉知一段困惑的关系】

　　找个安静的地方，拿出内在小孩日记本与内在小孩替代物，选择最令你困惑的一段关系，写下关系中对方令你最讨厌最抓狂的几个行为或表现。把对方想象为成年人，不管对方是不是你的孩子，当他这个样子或这样对待你时，把自己想象成一个更小的孩子，而不是成年人。那么这一刻，这"孩子"感受到了什么？他想说什么，想做什么？大声说出或喊出他想说的话！写下这些话！读出这些话！用有力量的自己，慢慢地、轻轻地靠近这个"孩子"，你要告诉他些什么？给你们多一些时间，你们多待一会儿。

【练习3：觉知代际传递】

　　在内在小孩日记中用一段话或一些词语来形容你对父母一方或双方的印象，进行自我对照，看看哪些词语同样适合你或与你相反。也可邀请伴侣、孩子或最好的朋友来选择形容你的词语，再对照你写下的形容父母的这些词语。写下父母对待你的态度或他们眼中的你，再次对比你对孩子的态度或你眼中的孩子。写下你的伴侣的特点、你与伴侣的关系，再对照你父母之间的关系模式。以上每进行一步，都要让自己待在里面几分钟，去觉知任何情绪感受，不要着急完成这个练习，而要在练习过程中发生情感的联结。

第七章

通过身体觉知内在小孩

第一节　心理问题躯体化

　　觉知内在小孩的第三种途径是：身体。**我们可以把身体当作内在小孩的"家"。**家不仅是一个物理形式的存在、不仅是一所房子、一个身体，更重要的是"一种氛围、一种感受"。就像我们经常说的"哪里有妈妈，哪里就是家"，这种氛围感受就是"家"，即身体的健康感觉。因此，内在小孩受伤了，这个"家"也就不完整了、出问题了。心理学上的**"躯体化"**指的是有些身体上的疾病，在医院检查不出生理上的病因，最终发现是心理问题导致的。

　　其实身体一直在与我们对话，比如，暴饮暴食、偏食厌食，各类睡眠障碍、运动障碍、呼吸障碍，甚至日常一些习惯，如吸烟喝酒、吃荤吃素、早睡晚起、坐姿站姿等，都是身体与我们交流的形式。身体一直在辅助或替代内心的情绪感受讲话，只是它太普遍、太平常了，以至于你总是将其忽略，比如：

　　✦ 紧张时，手心、额头会出汗，喉咙会发干；

　　✦ 害羞时会脸红心跳；

　　✦ 害怕时身体会发紧、僵硬；

　　✦ 愤怒时呼吸变得急促，脸红脖子粗，拳头会攥紧；

　　✦ 悲伤难过时会流泪哭泣；

✦ 委屈憋屈时嘴唇会咬紧，面部会扭曲；

✦ 突然的惊吓会使皮肤起鸡皮疙瘩，汗毛立起。

如上所述，身体一直在表达和保护内在小孩，只要看到身体的样子就知道内心的感受了，所以**好好爱自己的身体，就是好好爱内在小孩**。而深入地理解自己的身体，就会探索到内在小孩的真实需求。在我的咨询实践中，很多人的"躯体化"最终是靠探索并疗愈内在小孩来化解的。一旦你修复了内在的部分，就不必用身体来表达了。

案例　身体放松了，考试压力就变小了

小刘是一名高三学生，近一个月来他总是头疼、眩晕、胸闷气短，还时不时手心出汗、双手发抖。有时胳膊上的肌肉也会不自觉地跳动，在每次周考、月考前更明显，甚至都没法握笔。他找学校的心理老师做了 5 次辅导，最近调高了辅导频率，因为小刘发现有种方法效果很好，他要求老师多使用这种方法。这种方法就是"身体扫描"，小刘会根据老师温柔的引导把自己当作很小的孩子，然后自然地躺在躺椅上，全身放松。老师会引导他从头部开始，到脚趾结束，在身体几乎所有的部位停留，类似于这样："现在，请感受你的腰部，感受与躺椅接触的位置，然后放松、放松，就好像你的身体没有了重量，身体变得像自然飘浮的羽毛，很轻很轻，就这样自然下落，接触在温暖的躺椅上，非常安全、安静、放松……"这个方法很神奇，老师几乎没做其他任何事情，整整 1 小时，用引导语抚慰小刘身体的各个部位，非常有耐心，小刘感觉好像回到了摇篮里，全身自然放松下来，没有了压力，只有母亲最温暖的抚摸、微笑和关怀。

想必你也知道，这是冥想的一种，对学生来说这个方法很奏效。学生的紧张大多来自家庭和学校，大多数高三孩子的躯体化都来自高考压力。因此，有很多专门针对考试焦虑的心理辅导，其基础就是让学生放松身体，只有身体放松了，心理才可以松弛下来。对很多来访者，我会经常让他们感受他们的身体，特别是颈部、肩部、腰部，询问他们这些部位是否发紧，是否处在某种不适、疼痛或紧绷状态，如果是，我就让他们先去感受这些部位，而不着急继续探索。

身体是最直接的，却也是最容易被忽略的，除非它以很大的痛苦呈现，否则你很少去关心它究竟发生了什么。如果你刻意去关注身体，就会发现，此刻它并不放松，就好像处在某种"应激状态"甚至是**"应战状态"**。如此，你就没法全然地投入关系、投入情感，因为你此刻就像个警惕的孩子，握紧拳头、绷着身子，随时准备应对外部的刺激和危险，哪有精力来投入情感呢？

第二节　内心如何使用身体

有两类群体最擅长使用身体来替内心发声。

第一类是孩子。因为孩子相对弱小，没有足够力量去反抗和表达，所以会使用身体来发声。比如，有的孩子上学会肚子疼、头疼，到学校门口疼得更厉害。他是真的疼，不是假装的，但到医院检查不出问题，回家就不疼了，再上学又开始疼。我们可以很明显地看出他对上学的厌恶、对被控制的反抗，而在其他方法失效后，就会使用"肚子疼""头痛"这种躯体化表达。

第二类是内心冲突特别大的人。最常见的冲突是"做自己"与"迎合他人（主流价值观）"的冲突。当冲突大到心理上容纳不下时，就会使用身体表达。

+ 有位男士特别喜欢摄影，可他的父亲非要让他考公务员。于是在考试当天，他发烧到 40℃，爬不起床，最后不得不放弃。这就是"做自己"与"迎合他人"（父亲）的典型冲突。最终他通过发烧来取得了胜利。

+ 一位女士特别不愿回老家，每当过年她就会莫名地胃疼、上吐下泻，最终不得不放弃回老家。

+ 有位女士每次回老家看望父母后，嘴角就发炎，好长一段时间才能恢复，因为她不愿见到曾经伤害她的父母。

✦ 一位男士更奇怪，他每次与恋人快结婚时总是骨折，伤筋动
骨 100 天，一骨折就延误婚期，谈了 2 个女朋友都是在关键
时候骨折了，最终还是没能结婚。通过探索得知，他在内心
还是个小男孩，不愿意和父母分离，更别说结婚了。

这几个例子都呈现了个体在"做自己"与"顺应他人意愿"发生
冲突时，最终以身体生病形成一种妥协，使他们获得了很好的借口，
既能做自己，还不得罪他人。我们可悲地看到，对身体的使用是最简
单的，因为身体是自己的。在我督导的案例中，有位女性来访者一开
始备孕就会得妇科疾病，有一次甚至得了子宫肌瘤，不得不一次又一
次地放弃孕育孩子。后来探索得知，她不要孩子是出于对自己母亲的
怨恨和攻击——因为母亲特别希望她有个孩子。这位来访者在潜意识
中通过控制生殖系统来反抗母亲，十分悲凉！

使用身体分为被动使用和主动使用。被动使用指的是当事人并不
清楚自己的身体是在为内在小孩发声，而是真觉得身体出了问题。比
如前面的例子中，那位男士知道自己不喜欢考公务员，那位女士知道
自己不喜欢见父母，孩子知道自己不喜欢考试，但他们并没有意识到
自己的发烧、胃疼、发炎、头疼、骨折等身体疾病是与自己不喜欢做
的事相关的，他们只能一边痛苦一边窃喜。再比如各种进食障碍，有
人暴饮暴食，有人疯狂节食，有人拒绝食物，有人特别挑食，有人冷
热不均——总之，就是下意识地让自己患上胃病或肥胖症，从而逃避
自己不愿面对的境况。对某些意外事故，更需要探索当事人内心究竟
发生了什么。

案例 面对病危的父亲，自己却病倒了

有一位来访者，他的父亲最近检查出了癌症，并且癌细胞已经扩散，最多也就再活半年。这位来访者莫名病倒，高烧不退，呕吐不止，腹部疼痛，去医院也检查不出问题。经过几次咨询，我得知了他复杂的心理状态。第一，他和父亲从来没有靠近过，没有过任何肢体接触，在他的印象里父亲总是不苟言笑，也从来没有抱过自己，而如今他作为唯一的孩子不得不近距离照料父亲，给他擦拭身体，端水喂饭，他内心很慌张，很不愿这样做，于是通过身体疾病来"逃避"与父亲的接触。第二，父亲是他唯一的亲人，父亲的即将离开让他十分孤独，并充满了分离焦虑，好像没有了依靠，很是可怜。通过生病，他表达了自己也是需要被照顾、被呵护的。第三，他对父亲有很多愤怒和不满，但又充满愧疚，让自己生病好像是在因自己对父亲不满而惩罚自己。第四，父亲的即将离世激活了他潜意识中对死亡的恐惧。这位来访者充满情感地和我倾诉后，病很快就好了，因为我看见了那个小男孩，同时接纳了他的内在冲突，并多次安抚了他的情绪。换句话说，他的内在小孩被看见、被理解、被宽恕了，他也就不需要通过身体生病来表达了。

"主动使用身体"指的是，当事人大致清楚身体是为内心发声的，也知道这样会损害健康，但就是想要这么做。比如一位中学生，天越冷穿得越少，喜欢淋雨和用冷水洗澡，会利用天气协助自己感冒发烧。他很清楚，这样父母就不会吵架了，还会照顾他，妈妈会亲他的额头，爸爸会在身边给他读书，而只有这个时候他们才像一家人。这让他觉得"生病"真是很美好。

事实上，身体代表的含义极其丰富、复杂、细腻，甚至有些含义无法用语言来表述。

第三节 身体症状的心理含义

理解身体症状的心理含义的前提是，要理解同样的身体症状对不同人而言，含义不同。比如，呕吐对一些人来说意味着压抑；对一些人来说意味着愤怒；对另一些人来说则意味着羞耻。另外，要以排除生理性疾病为前提，有时候胃炎就是胃炎，不代表任何心理活动。在此前提下，通常而言身体症状的心理含义主要有以下几类。

+ 消化道疾病，特别是胃病，往往代表爱的缺失，因为婴儿通过被喂养而感受到爱。

+ 各种皮肤病往往与边界有关，比如起疹子、瘙痒、长痘等，特别是突发性的过敏，因为皮肤是身体内部与外部的屏障。边界问题与关系也紧密相关，特别是感受到被侵入、被控制时。

+ 关节类疾病往往意味着当事人的个性太强硬，对自己要求太苛刻，也可能代表无人可依靠。因为关节受损就会让你慢下来，躺下来，也会让你不能独立。这是内在小孩在提示你别着急，要慢一点儿、对自己宽容一点儿。

+ 泌尿系统或生殖系统的炎症与突发性症状，一般与性有关，或者说与对性的心理冲突和性幻想有关。

✦ 牙齿松动或脱落意味着怨恨太重或者攻击性丧失，因为牙齿
　就是身体最锋利的武器。我有位来访者被工作了 30 年的单位
　找借口辞退后怨恨无处发泄，仅仅半年就掉光了所有牙齿。

　　还有些疾病非常隐晦，需要探索很久才能与内在小孩关联起来。
比如，一位男士突然耳朵听不见了，经过好一阵的探索才得知是因为
他常年忍受妻子的唠叨与埋怨，只能让耳朵听不见来逃避。

　　在所有身体部位中，和"吃"相关的部位最能代表内在小孩。在
青少年心理咨询中，我最常问父母的一个问题就是："孩子吃不吃你
们做的饭？是否和你们一起进餐？"这个问题之所以重要，是因为一
旦孩子拒绝父母之爱或者对父母有无法表达的怨恨，他们首先做的一
件事就是不吃家里的饭，或者少吃家里的饭，或者不和父母坐在一起
吃饭。他们会吃外卖，会吃父母不愿让他们吃的食物，会躲在自己房
间吃，会在外面吃。而如果和父母有爱的联结、亲密，就会在一起吃
饭，**"在一起享用食物的频率"反映了关系的亲疏和远近。**

　　通常，内在小孩通过身体告诉我们以下五点：**第一，对内心冲突
的妥协；第二，活得特别压抑；第三，转移真正的矛盾；第四，对自
己不够接纳；第五，你需要对身体本身重视。**

　　善待身体本身就是善待内在小孩，要寻找一切可能的资源来疗愈
身体。比如泡澡、身体护理、按摩等。安全亲密的肌肤之亲似乎是每
个人最原始的依恋，多给自己创造这样的机会。下面两个练习，有
助于通过身体来探索内在小孩，让症状减轻，或者让紧绷的身体放松
下来。

【练习 1：感受疼痛】

　　找个安静的地方，把自己想成小孩子，躺在或坐在最舒适的沙发床上，深深地吸气、呼气 10 次，关注呼吸几分钟，让身体放松下来。慢慢把注意力倾注到疼痛部位，去感受这个部位。如果疼痛会说话，它在告诉你什么呢？想象一个你最爱的人或最疼爱你的人就在身边，他有你最喜欢的样子、最熟悉的表情，是最安全的陪伴，去感受他手掌的温度、温暖、温柔。然后把自己双手搓热，想象你的双手就是他的双手，把手轻轻放在疼痛部位温柔地摩擦、抚摸、轻轻按压，感受疼痛部位与手心接触的温度，去感受爱的抚摸，感受手掌的感受，感受疼痛的感受，去感谢这疼痛，去心疼这个孩子……通常，做完这个练习后疼痛会缓解。可以把整个过程的觉知写在内在小孩日记中。

【练习 2：身体"扫描"】

　　现在，找个舒适的地方坐下来，用鼻子吸气，用嘴呼气，感受气流从鼻孔进入，从嘴巴呼出，感受一呼一吸之间的长短、深浅。就这样通过呼吸让自己放松下来。然后开始感受身体，感受身体的重量，感受臀部坐在椅子上的感觉，感受双手放在大腿上的热量或双手放在扶手上的重量，感受双脚和地面接触的地方。

　　开始慢慢"扫描"全身：从头部开始，然后是颈部、肩膀、双臂、双手，感受它们的存在，感受它们的温度，感受胸部和腹部的起伏，它们正跟随你的呼吸一起一伏。感受腰部的重量，注意，不要用力，自然感受，还有你的臀部、大腿、膝盖、小腿、脚跟、脚掌、脚趾。想象你就这样看着自己。感受身体的某些部位和器官，有哪些不舒服的地方或有哪些轻松的地方，你只是看着它们，不要去评判它们，也不要试图改变什么，在每个"扫描"到的身体部位多待一会儿。

其间你可能会浮现许多念头，没关系，让它们出现即可，你只是看着它们来来往往，就像看着一辆一辆的汽车，开过来，又开过去。再用一个温柔的呼吸把自己拉回来。继续关注身体，感受它的重量，感受双脚踏在地板上，双手放在膝盖上……

当你开始听到周围的声音时，慢慢睁开眼睛，伸展一下双臂，转动下头部和腰部，伸几下懒腰，回味刚才的过程，感觉当下的感受。也可以把刚才发生的一切写在内在小孩日记中。

第八章

通过性觉知内在小孩

第一节　性压抑

在觉知内在小孩的过程中，很多有关**性**的东西其实并不完全代表**性本身**，其含义非常广泛。

比如"性压抑"，往往指的是道德层面的不允许，认为性是罪恶的、羞耻的、下贱的。

案例　黄昏恋让自己觉得"很脏"

珍女士今年53岁，丈夫因病去世10年。最近半年出现了强迫症状，反复洗手停不下来，不允许房间有任何灰尘，需要各种打扫、清除、清洗、收纳，这些占用了珍女士一天中的大部分时间，对此她非常困扰。经过2年多的心理咨询和探索，珍女士的"症状"有所缓解，"我可以真正放松下来了"，珍女士如释重负。说来原因其实很简单，那就是珍女士谈了个男朋友并发生了一次性关系，而她把谈朋友这件事告诉了儿子，想争取儿子的同意，没想到儿子坚决反对。珍女士说，"我从儿子脸上看到了一种嘲讽"。儿子看望她的次数也少了，珍女士感到很羞耻也很窝囊，特别是想到已经与男友发生了性关系，就觉得自己"很脏"。从那以后觉得什么都脏，不停洗手、洗床单，不停打扫，容不得一点点灰尘，也拒绝与男友约会。

珍女士就是典型的"性压抑"的受害者，她的前半生温良谦恭，不断付出，照料他人，围绕父母、弟弟妹妹、丈夫、儿子转，省吃俭用，任劳任怨，操持着这个家。丈夫去世后，她把精力都放在了儿子身上，如今儿子谈了女朋友，也有一份体面的工作。珍女士心想可以不那么操劳了，萌生了再婚的想法，于是有了上面的情形。而我要去理解的是珍女士的内在小女孩——"小珍珍"。小珍珍渴望有人站在她这一边而不是被道德捆绑，她这些年受的委屈需要被看见！阻止她的不是和男友的性行为、不是强迫症状、不是儿子的态度，而是早年的评判与捆绑。她需要松绑，需要对抗内在评判者，需要突破道德绑架，当然，更需要耐心和时间。

通过珍女士的故事可以看到，所谓的"性压抑"绝不是性本身，而是鲜活、冲动、激情、绽放的生命力被压制、扼杀了！**性压抑的本质其实是"生命活力的丧失"。**

第二节 性的心理学意义

很多与性相关的表达，是关乎心理、冲突、亲密关系、情绪等一系列内在信号的，我们要觉知的正是这部分信号背后的意义，而不仅是性行为本身。我大概总结了如下几种性的价值与意义：

+ 缓解焦虑；
+ 宣泄负面情绪；
+ 有种征服感或报复感；
+ 测试对方是否爱自己；
+ 满足性幻想；
+ 平衡矛盾冲突；
+ 弥补愧疚感；
+ 提升自尊，缓和关系。

这些都可以通过性行为得以实现。再举些例子来说明性的探索价值。

+ 有对夫妻一吵架就会做爱，然后关系会和好如初，这其实是在用性生活补偿情感的匮乏。
+ 很多人其实并不喜欢性本身，而是喜欢那种身体在一起、相互抚摸亲吻、身体交织在一起的感觉，这让他们觉得安全，类似母婴之间的依恋！一般这都是因为早年原始依恋的缺失。

+ 有位高中生会频频自慰，因为他的压力太大了，这会让他感到放松，但同时会有深深的罪恶感。探索后得知，他的家庭对他过于苛刻。

以上都是内在小孩很深的情结点，需要深入探索才能被感受到，仅头脑层面的理解是不够的。

第九章

通过幻想与念头觉知内在小孩

第一节　幻想的价值

　　第五种觉知对象是：幻想与念头。因为幻想与念头往往不受大脑控制，而越不受大脑控制越与内在小孩息息相关。幻想不是现实，却是内心的现实，是另一个美丽的世界。比如几乎每个人都会做这样的"白日梦"：幻想中了彩票，幻想一夜暴富，幻想拥有至高的权力，幻想永远年轻貌美，幻想拥有至纯至美的爱情，幻想永远不死，幻想时空穿越等。**沉浸在幻想中的成年人，那一刻就是个孩子。**

　　为什么说觉知幻想会看到内在小孩呢？举两个例子。

　　1. 比如反复幻想拥有更多财富或权力，代表你太想证明自己，太想被外界认可，也在暗示你下一步努力的方向。就像在电影《白日梦想家》中，男主角对自己的幻想无限渴望，最后终于实现了幻想。如果我们足够重视幻想并采取行动，幻想就可能变成现实，就可能做到"梦想成真"。

　　2. 比如对于完美情人的幻想，往往代表对当下婚姻不满甚至感觉受到伤害，也许你从没有得到过温暖的体验，只能幻想出一个情人来爱你。

　　敢于幻想、富于幻想、善于幻想是一种能力，我特别鼓励把幻想写下来，就像内在小孩的一本日记，也许那也是你的另一种平行人生。但与幻想相对应的"念头"却不那么美好，甚至充满了阴暗与邪恶。如果说幻想是我们主动想要的，念头就是我们尽量回避的。对探索内在小孩而言，**觉知念头更具价值！**

第二节　邪恶的念头

　　念头是突然冒出来的，简单粗暴。多数情况下我们完全不知情，只有念头冒出来时才有所觉察，而且会瞬间吓我们一跳，让我们迅速逃开！这些"不好"的念头和想法，我称为"邪恶的念头"，分为一闪而过的和反复出现的，包括无聊的、卑鄙的、可怕的、可耻的、羞愧的、罪恶的、变态的。**越是邪恶的念头，越表明内在小孩在试图引起我们的觉知。**

案例　控制不住担心孩子出意外

　　秀美有两个孩子，大宝九岁，小宝七个月。一直困扰她的"心魔"是经常会出现一些不该出现的想法。比如，有个周末，大宝去和同学玩，本来说好了九点前回家，但九点半了还没回来。秀美就打电话给大宝，却一直没人接，打电话给同学家长，对方也不知道他去哪儿了。此刻秀美脑海中出现了"大宝被拐卖"的念头还有"出车祸"的念头，她被自己这样的想法吓坏了，给很多人打了电话，四处寻找，最终发现大宝和其他三个小朋友在广场玩足球，根本没听到她打来的电话。在陪小宝玩耍时，秀美有时候会突然冒出一种"小宝会被自己掐死"或者"小宝会跌倒起不来"之类的念头。对此她完全不明白发生了什么，一下子蒙了，缓过神来就会强烈地自我责备，甚至扇自己耳光，责怪自己居然"诅咒亲生女儿"。对此，她耿耿于怀，无法原谅自己。

是的，秀美产生的这些想法就是"邪恶的念头"，明知道发生的可能性微乎其微，但总是莫名其妙地出现这种念头，简直糟透了！我把这种念头大致分为三类。

第一类，伤害与意外。在特定情境下会突然冒出来，比如想打人、伤人，担心亲人遭遇交通事故、生病、丢失等，也会担心自己发生意外或被伤害。**第二类，与死亡相关的念头。**会在瞬间冒出有关死亡的念头，比如一位男士在照顾生病的父亲时，突然闪过了想让父亲早点死去的念头，这种可怕的念头把他吓坏了。还有人会幻想死亡的种种方式。**第三类，与性相关的念头。**

这些念头对觉知内在小孩有什么意义呢？

第一，可能是有分离焦虑。如果怕失去一段关系，那么不是该好好珍惜吗，为何会浮现失去对方的念头呢？这大概率是因为你在早年失去过客体之爱，比如养育者突然抛弃你不管、突然离开你，令你措手不及又无能为力。这样的模式会深深刻在你骨子里，所以当你有了所爱的人，比如自己的孩子，就会害怕失去他。内在小孩让你通过"念头"来重温那种与爱分离的感受，也在提示你不用过度担忧，你已经不再是个孩子了，有能力阻止被抛弃的感觉。

第二，这些念头可能在表达一种潜在的攻击与怨恨。当你不得不强迫自己振作精神来维系一段关系，或想竭力摆脱某人的控制而不能，或对这个人积怨很深又不允许表达时，可能会浮现希望对方死掉或出意外的念头，以此来宣泄心中的恨意与内心冲突。这是内在小孩在提示你需要尊重自己真实的需求，无须为了什么而刻意为之，要好好琢磨该如何平衡这段关系。

第三，这些念头可能映射了与自己的关系。基本上与不配得感、低自尊相关，表示你对自己太苛刻了，标准太高了，以至于很多时候厌恶、贬低自己。还可能代表你没有爱的能力，不知如何与一个人真实地亲密。

第四，邪恶念头迫使你反思，满足了掌控感。让你反思：我怎么能这样想？为什么会有这种念头？最近发生了什么？这么想的意义在哪里？反思的意义是积极的，这会让你越来越接近内在小孩，更加理解自己。还让你得到了掌控感，因为这些可怕念头的导演是你而非别人，你既然可以制造，就可以掌控它。比如，你会通过忏悔、自责、自我安慰和自我惩罚等方式来消除恐惧。最终总会有"虚惊一场""劫后余生"的感慨，其结果会让你更加珍惜或重视这段关系。

第五，"复盘过去"与"预演未来"有时会变成无法控制的强迫性思维。如果觉得一件事做得不够好，或者觉得怎样做会更好但没有那样做，就会在以后几天反复复盘，比如当时该如何回应，比如不该发那么大火，比如应该更坚定地表达拒绝，等等。在复盘中，你好像回到了那个尴尬时刻，一遍遍去咀嚼并修正当时没做好的自己。

对还没发生的重要之事也会提前"演练"，就像模拟考试，不断设想那件事到来时该怎么做、怎么说。你会不厌其烦地在脑海中预演，直到满意为止，直到那件事发生了为止。

复盘过去与预演未来往往交替进行，复盘过去缓解了愧疚与自责；预演未来缓解了焦虑，并把危险降到最低。因此，这些复盘和预演都是为了保护你脆弱的内在小孩，但它们的副作用是心理内耗，因为你沉浸于过去与未来中，从而消耗了当前的部分心理能量。

明白了这些，就大可放心地让"邪恶的念头"闪过，不必过度焦虑，就算无法接受，也没有必要给自己冠以各种罪名。你需要做的，只是通过念头来探索内心、反思关系而已。

尽管"邪恶的念头"会让你更多地觉知到内在小孩，但它突然闯入的那一刻会令人非常不适，有什么办法可协助你在那一刻迅速摆脱那"该死的想法"吗？答案就是"乱语断念"。

第三节 乱语断念与一日浮生

乱语断念

这是我本人使用多年的方法，尽管不太容易描述，但效果很好，我把它称为"乱语断念"。

当毫无准备、不经意间闯入一个"念头"，并且这个念头引发的感受是"不该那样""羞耻的""真傻""怎会那么想""为何想这个""当时不应那么做""咋会这样"之类时，你会本能地想即刻摆脱这该死的念头。此时，会有连自己都觉察不到的冒出来的动作、表情、语言等，诸如"啊""咦""咳""呸""嘟""啾""呜"等含糊不清、语无伦次、毫无逻辑的词语。这些词语并不具有明显的文字语言方面的意义，而只是某种"声音"。这声音或短促，或尖锐，或悠长，或只是闷的一声，其声调、音量、音质毫无逻辑可言，也不是要表达某种"语言组织"的含义，只是某种自发的声音从喉咙、嗓子、心中冒出来，并且只有一瞬间，有时会伴有一定的动作、表情，当事人很少意识到这种动作表情，比如皱眉、咧嘴、抬头、耸肩、摆头、扭身、眨眼、咬牙、跺脚等，这些动作、表情伴随声音瞬间发生。接下来你好像有种摆脱的感觉，有时会觉知刚才发生的一切莫名其妙，像是"着魔了"，有时还会看看周围有没有人注意到自己这怪诞的行为……无论如何，此刻内心突然平静了许多，因为摆脱了这种"极度不适感"，至此这个过程就结束了。看似复杂的描述，实际上只有短短几秒或一秒，这个过程被称为"乱语断念"。

第一，如果你意识到曾经有"乱语断念"，建议你摆脱之后继续"后知后觉"，去看看是什么让你难以接受，以至于用"乱语"断掉了这些念头。通常来说，这些念头就是上面我说的那些"邪恶的念头"或"无意义的幻想"或"不该那么做的复盘"。这是一种"即时保护"，让你远离不适，但事后要去觉知，说不定那里藏着你最真实的内在小孩。

第二，如果你从未有过这样的"乱语断念"，那么你可以练习使用它，尽管这样的练习并不是出于本能，却可以让你暂时摆脱"可怕的念头"。当处在这种邪恶的念头或想法中时，找个没人的地方开始"乱语"，无论发出的声音是啥，无论这声音多么尖锐和奇怪，无论表情多么狰狞可怖，无论动作多么滑稽可笑，都是可以的，都是正常的，都是被允许的。你可以继续通过任何乱语、搞怪表情、脏话、动作来抛弃、驱赶、排挤这些念头，以此来达到"静心"的目的。然而，你要知道，这是暂时的，就好像一种危险来临时，你突然玩起了失踪，让危险找不到你，但你不可能一直失踪，你最终要选择面对，里面藏着你最深的渴望和恐惧，还有等待被觉知的内在小孩。

第三，把这个过程中的点点滴滴写下来，记录在你的"内在小孩日记本"中。

一日浮生

还有一种方法，我本人也使用了多年，有时会用好几个小时甚至大半天来练习，这对提升觉知力很有帮助，是一种"主动幻想"的方法，我把它叫作"一日浮生"。之所以叫这个名字，灵感来自"浮生一日，蜉蝣一世"。蜉蝣是一种昆虫，它从出生到死去，仅短短一天的时间，但也要让自己活出最美丽绚烂的样子，令人感慨！

第一步，将身体放松，坐着、躺着、站着都可以。精力集中后也可以边走边幻想，我本人比较喜欢在安静的小路上走着，周围的一切都变模糊了，远处的喧闹也成了背景，而我只是专注在幻想里。

第二步，幻想主题是"一天 24 小时的时间安排"。记住，这个安排是幻想的，可以脱离现实，可以突破时空，甚至可以是魔幻的。但要把它当作现实，就像卖火柴的小女孩好像真的吃到了那只烤鹅，不要限定自己，不要评判自己幻想的内容。此刻，一切都由你做主！没有任何约束和限制，更没有道德评判。

第三步，当幻想到某个时段要做的事情时，请觉知情绪感受，并在其中沉浸一会儿，然后进入下一个时段。当不确定时，可以先空下这个时段，进入下一个时段。任何时段的幻想内容都是可以修改的，都是可以调整的。

最后，确认各个时段的内容后就不要修改了。

在此，我穿插一个例子，然后再说明下一步要做的事情。

L 女士，36 岁，企业高管，已婚，儿子 7 岁。幻想练习"一日浮生"的内容为：早上 6:00—7:00，跑步，我会在各种地点跑，比如今天在家附近的公园，明天在西藏雪山，后天在夏威夷海滩，大后天在雅典古城，每天都不会重样，当然我喜欢也可以重样。7:00—8:00，洗漱、沐浴，我会在不同的高级会所、湖边小屋、林中木屋或海上游轮，听着最喜欢的音乐，使用最高级的洗漱用品和各色浴缸，涂抹世上最奢侈的香水、化妆品、精油等。8:00—8:40，与家人共进美味早餐，早餐风格迥异、各具特色。可以在任何想在的地方，但必须要有我的猫咪"淘淘"。8:40—9:40，读书，地点不限，但必须有阳光、安静的环境，以及各种点心和水果。9:40—11:00，工作。11:00—11:30，前往父母家与哥哥和妹妹聊天。11:30—12:00，逛世界上各种不同街道的商店，想买什么买什么。12:00—13:00，午餐，可以瞬间前往任何地方的任何餐厅就餐，带着儿子。13:00—14:00，午休，也是在任何地方，搂着儿子。14:00—16:00，工作。16:00—16:30，社交，去见闺密和朋友。16:30—17:30，运动、练瑜伽、冥想、健身，在世界任何地方，带着儿子和猫咪。17:30—18:30，晚餐，和家人在世界任何角落。18:30—19:30，给儿子辅导作业、亲子共读，在最好的大学或顶级游乐园。19:30—20:00，一个人啥也不做、发呆。20:00—23:00，和自己心怡的男士交往、恋爱。23:00，一个人睡觉。

第四步，就像 L 女士这样把时间表写出来，写在"内在小孩日记本"中，然后沉思、觉知以下内容。

1. 当你在做这个练习时，哪些内容是让你觉得毫不犹豫、必不可少的？你对哪些内容的用时有所犹豫，希望长一点儿还是短一点儿？哪些内容是必须舍弃的？哪些内容是必须拥有的？哪些内容是十分纠结的？哪些内容是你没敢写上的？

2.哪些选择让你立刻感到轻松和放松？哪些内容让你感到压力重重，但又不得不选择？哪些内容让你产生了躯体反应？哪些内容让你不可兼得或兼而有之？哪些内容让你感到愧疚、羞耻、评判或无奈？哪些内容是你独自享受的，哪些是你必须与他人共享的？哪些是你必须做些什么才能去享受的？

3.各种内容时段的分配如何？并觉知这种差别，比如伴侣关系、父母关系、亲子关系、社交关系、金钱关系、独处时间、读书学习、工作事业、兴趣爱好等。

4.反思以上三点，觉知内在小孩的渴望与恐惧，并多追问自己几个为什么。对比现实，你会作何感想？把它们写下来。

5.再次观察、体验、觉知写下来的属于自己的"一日浮生"。

以上就是看似简单又寓意深刻的"一日浮生"幻想，如同"蜉蝣"一天就是一辈子，是幻觉，却又真实存在。如果从更高维度看我们人类，一辈子也许就是一天。

以下是关于 L 女士练习的解析（给你的觉知提供参考版本）。第一，几乎所有内容都突破空间，在地球上任何地点去做各种事情，也许说明了内在小孩的"不自由""无法突破""被限定"。第二，陪儿子、带儿子的时间段较多，哪怕一个人做瑜伽、冥想，也要带着儿子，哪怕午休也要搂着儿子，说明与儿子的关系过度紧密、融合，也可能是对儿子的某种内疚，或者是内在小孩的恐惧担心，我们也有理由相信，在潜意识中儿子也许是个"负担"。第三，丈夫几乎没有出现，没有和丈夫单独相处的时段，仅有两次还是用"家人"这个模糊字眼替代，也许反映了 L 女士的婚姻是疏离的、单调的、乏味的，在婚姻关系中她是不被理解的，这是长期互动的结果。第四，留给原生家庭的时间只有 30 分钟，并且还包括父母、哥哥和妹妹多人，可能代表 L 女士根本都不想留给他们时间，最后不得不挤出来一点时间，我们有理由相信原生家庭带给 L 女士的体验并不好，如果进一步探索，也许会有大量情绪涌现。第五，在那么宝贵的时间里，L 女士居然留了 3.5 小时工作，并且只是写了"工作"二字，代表这是她不得不做的事情，即便幻想层面也无法丢弃，或许她只有在工作中才能找到某种价值感。第六，把大量时间留给了自己，比如跑步、读书、沐浴、逛街购物，这些时段是疗愈时刻（当然也可能是现实中匮乏的），说明 L 女士内心有很多成长的需求，她爱自己、敢于独自享受、追求最奢侈的东西，这些说明她的自尊感较高（也可能相反，是自尊感太低）。特别是"什么都不做"的那 30 分钟是真正属于她自己的！因为和自己在一起什么都不做意味着与内在小孩在一起。还有个疗愈的因素，就是她养的猫咪"淘淘"，我们有理由相信，那就是她内在小孩的替代物。第七，L 女士的一日浮生练习最大的亮点就是"20:00—23:00，和自己心怡的男士交往、恋爱"，漫长的时间和大胆的幻想充分说明了我们的 L 女士多么渴望亲密，渴望被爱、被懂得、被理解，渴望深度融合。第八，最后环节是 7 个小时漫长的"一个人睡觉"，这是何等孤独啊，但也许这才是最安全的。此刻，儿子居然没有出现，真好。第九，L 女士整个"一日浮生"没有"魔幻"的幻想体验（很多人在幻想中出现了妖魔鬼怪、神仙、魔法、超能力等），也许说明了她的压抑和注重现实感，也恰恰反映了她强大的自我功能和对生活的掌控力。

第十章

通过梦觉知内在小孩

第一节　常见梦的象征含义

梦的价值与重要性

梦——内在小孩给你写的一封信。关于梦，我先强调六点。第一，要重视自己的梦。许多人每天都在做梦，但丝毫不当回事儿，甚至认为梦是可有可无的、没有意义的。这是很遗憾的一件事，因为你正在丢失一座宝藏。第二，做梦本身就是疗愈。做梦本身就是挑战意识，把恐惧的、胆怯的、羞愧的、邪恶的、隐晦的欲望植入梦境，以此获得心灵的满足和整合。因为现实中你根本无法面对这巨大的心理冲突。第三，所有梦都与本人相关。如果把梦比作一部电影，你既是导演又是演员，没有一个梦与你本人是没有关系的。第四，梦是谜面，解梦的过程才是谜底。所谓"解梦"就是去"理解自己的梦"，解梦的重点是"自由联想与象征"。你脑海里闪过的任何念头、不经过大脑评判的任何声音，都称为自由联想。比如梦见"蛇"，你可能联想到"恶心""攻击""温柔""害怕""母亲的性格""性"等，不必去思考联想的内容是否合理，不要去想是否被允许，不要有任何评判，这就是自由联想。第五，不要忽略梦中任何荒唐的、匪夷所思的、看起来毫无意义的细节。越是毫无意义的内容就越是巧妙的伪装，说不定才是梦真正的意义。**第六，梦的独特性。**梦于你是独一无二的，不存在相同的梦。解释一个梦，必须与你的人格和整个梦境联系才可以，就像一个词语必须与句子、段落、语境、主题、写作背景以及作者本人相关联，这个词才真正具有价值！

常见梦的象征含义

尽管梦具有做梦者独一无二的特质，但梦中的元素在人类整个象征层面也是具有相似性、共通性、参考性的。为了让你对梦境有所理解，我举些例子简单阐述一下（特别说明：这只是梦中的一些元素，如同一篇文章中的关键词，完整理解梦必须结合具体情节、感受，以及最近状态和过往经历）。

+ **动植物。**与你对动物植物的感受有关。比如同样是一匹马，有人觉得是速度，有人觉得是恋人，有人觉得是难过，有人觉得是父亲；比如玫瑰，有人觉得明媚，有人觉得妖艳，有人觉得是爱情，有人觉得是陷阱。我曾经在同一个梦里梦见了两条黑狗，其中一条是调皮的、可爱的、有趣的、生机盎然的；而另一条摸起来很冰冷，就像是带鳞片的冷血动物。我通过联想了解到，也许第一条狗象征着我温和、礼貌、积极、向上的那部分性格，第二条狗则代表了我内在小孩冷漠、隔离、具有攻击性的那部分性格。

+ **交通工具。**可能代表你自己、你的身体、你的意志、你的情感，去的地方代表某种方向的指引，以及代表你与这个交通工具的特殊情感，特别注意是哪种交通工具、具体细节。

✦ **房子与树木。**可能代表你本人、你的心灵、你的身体、你的精神、你的家庭、你的性格，或者它们的某一部分，以及你眼中的自己、你的独特记忆。有个专门的绘画投射技术叫"房树人"。

✦ **梦到老家的任何事物。**可能与早年经历、感受相关，也与最近你的经历与早年的某些场景、感受类似相关。

✦ **梦到孩子。**可能就是你的内在小孩或现实中的孩子；也可能代表某种情绪感受，取决于梦中的孩子带给你的体验。

✦ **梦到父母。**可能代表你与父母的关系或你与领导、伴侣的关系，以及身处这段关系中的一切感受；而梦见领导、权威、伟人、名人也往往提示你与父母的关系或你渴望的与父母的关系。

✦ **梦到死亡。**可能代表内在小孩的窒息感和创伤体验，也可能代表重生，或者对自我的不接纳、对他人的攻击，或者某种情绪，比如恐惧、绝望，或者分离、失去、丧失。

✦ **性梦。**含义广泛，往往代表内心的冲突、关系的纠结、关系情感的变形扭曲、内在小孩的创伤、压抑与恐惧、羞耻感、内疚感、罪恶感、攻击性、破坏性等。

✦ **被追赶的梦。**可能代表焦虑、害怕、极力想摆脱某种危险或困境，或者对自己的状态、表现、情绪的不接受，甚至绝望，以及良心道德的谴责，它们让你无处可逃。特别是被追杀的梦，它是创伤内在小孩的再现。

+ **梦到迟到、延误、赶不上车。**正在被某种认为重要的事情焦虑苦恼，担心失去这个机会或害怕表现不好；也可能是相反的，并不想要这个机会或者不得不去应对这件事。

+ **梦到飞翔。**代表自由、逃避、自我掌控、失控。

+ **梦到坠落。**代表失控、自我功能受损、极度害怕、没有支持。

+ **梦到考试。**代表对责任后果的担忧、担心自己不能过关、各种内心冲突、慌张紧张、压力大等，属于焦虑的梦的一种。在焦虑的梦中会出现让你最害怕接近的早年感受的事件，比如，有时我会梦见咨询时的各种差错（记错时间、找不到手机、连不上网络、没有合适的地点等），这都是焦虑的表现，代表最近对重要事件的不确定感和担忧。

+ **梦到你认为无关紧要的人，特别是陌生人。**他们身上会有某种特质，或者他们在梦里会给你带来某种感觉，而这样的特质和感觉往往会与你的重要客体相关联，都与你的内在小孩息息相关。

还有些梦是在提示你要去更深入地探索，这可能是来自内在小孩的重要信息，我把这些指出来，目的不是为了给你一个答案，而是要让你通过它们去继续自我探索，比如以下几种情况。

+ **重复的梦或重复的元素。**比如蛇、厕所、黑夜、性等。我有个来访者多年来每隔一段时间就会做关于"厕所"的梦，具体内容多变，但厕所这个元素都会在，后来经过探索得知，它代表了"对自己内心肮脏黑暗面的羞耻感"。经过一段时间的咨询，这位来访者对自己的接纳度高了以后，这样的梦境就消失了。还有位来访者多年来一直梦见家人在周围各忙各的，却没有看见自己，而自己只能一动不动，这反映了来访者早年在原生家庭中有过某种被抛弃、被忽视的创伤体验。

+ **多年前做过的、回忆起来依然印象深刻的梦。**一般指的是未了的情结、未完成的事件、无法解释的困惑。有个 40 岁的来访者一直记得在小学时做过的一个梦——在茂密丛林中迷了路，找不到出口。探索后得知，那个梦正是她那段时间的真实感受，那几年父母正在闹离婚，经常问她要跟着谁生活。

+ **噩梦、梦魇。**一般具有强烈的恐惧、绝望的无助感，而且伴有躯体反应，你会大汗淋漓，呼吸急促，手心出汗，不能动弹，等等。会被吓醒，醒来后有种劫后余生的感觉，庆幸"多亏是个梦"。有时候你重新睡着，还会接着继续做梦，正所谓噩梦连连。这类梦很直观地代表了"创伤体验"，如同当年的感受。有的人真的会被吓醒、哭醒，这个时候的你就是个孩子，而不是成年人，这个孩子此刻的恐惧与悲伤就是某种穿越时空的创伤体验。尽管你已经长大了，但早年的创伤依旧存在潜意识中，并以梦的形式来表达，提醒你不要忘记自我关爱。有个来访者很小的时候经常独自被父母留在家中，如今他总会做一个被扔到黑夜中的梦，并且总会被吓醒，醒来发现枕头湿了一片，原来是泪水打湿了枕巾。此刻要保护这个"孩子"，他需要被抚慰，而不是评判，他需要一个强大的保护者。

✦ **梦里看到的自己。**在梦里，有两个或两个以上的自己出现，他们很有可能代表你人格的不同面向。这样的梦很有价值，因为人的情感十分复杂，我们都有几个不同的、冲突的人格无法整合，我们接受阳光向上的自己，而否定"阴暗"的自己。这样的梦往往在提示你要接纳不喜欢的那个自己，也就是你创伤的内在小孩。

✦ **梦中梦。**梦里梦见自己在做梦，又觉得这好像只是一个梦，就是梦中梦。梦中梦往往代表你内心的不同层面或丰富的、有待于探索的宝藏。经常浮现"梦中梦"的人内心比较敏感、情感充沛、重视精神世界，也容易纠结。

为什么通过梦能觉知内在小孩呢？这源自冲突与压抑，意识与潜意识的冲突，功能自我与内在小孩的冲突，或者内在小孩真实的想法被压抑了。比如在关系中你特别讨厌或怨恨一个人，但基于伦理道德、内疚感、罪恶感，你不能去恨这个人，无法攻击，无处表达，甚至不允许自己有这样的想法，这就会形成强烈的内心冲突，这个冲突很可能会以梦的形式出现，比如很多人梦见父亲母亲或兄弟姐妹死了，或者被别人杀掉了，或者被自己杀掉了。这样的梦往往反映了亲密关系出了问题，内在小孩需要被释放。再比如出轨的梦、性梦之类，也许代表你的内在小孩对依恋的渴望，内在小孩想去突破某种冲突。

案例　一个创伤之梦的转化

　　Z 先生多年来频繁做同一个梦，他梦见自己被绑在床上或被绑在椅子上，无法呼吸，惊恐万分，动弹不得。家人就在不远处各忙各的，丝毫看不见他。梦里的 Z 先生很清楚，只要这些人当中的一个看看自己或碰碰自己，他就能从窒息中醒来。哪怕一丝风吹过，他也能获救，但并没有。他们还是各自忙碌，并无一人注意到他。Z 先生想大喊却发不出声音。就这样过了好久，最终他从噩梦中吓醒。每次醒来总是大汗淋漓、呼吸急促、心跳加速、惊恐不已！他通常无法再次入睡，生怕再次陷入这濒死般的体验。

　　Z 先生的梦就是典型的"重复的梦""创伤的梦"，这类梦的特点就是"通过梦境来还原早年的创伤体验"。通过分析，Z 先生在梦中的感受与他早年的感受简直一模一样！Z 先生很小就被送到奶奶家，每次等他睡着后，奶奶都会彻夜外出。深山小村里的夜，或死寂，或风吼，或雷鸣。2 岁多的男孩醒来发现奶奶不在，极度恐惧，便开始大哭，但是直到哭干嗓子也无济于事。父母和姐姐哥哥就在不远处的另一个家里，却没人注意到这孩子的可怕经历。日复一日，就这样过了 5 年。

　　Z 先生在做了 2 年心理咨询后，依然做这种"创伤梦"，但频率降低了，梦的内容也有所变化。他不再被绑，也能喊出声音了，Z 先生说，"是那种哀嚎声"。最终真的喊出了声，每次都是妻子把他叫醒，醒来时也是大汗淋漓，惊恐万分。

　　如今，Z 先生已做了 6 年咨询。他隔几个月还会做这个梦。他告诉我："梦里的家人不再是父母奶奶那些人，而是现在的女儿、妻子，还有你。这次终于被看见了！我的喊叫也被听见了。于是，梦里的你们拍打我，把我唤醒，女儿还抱着我、安慰我。我不再强烈地恐惧，却感到很悲伤、很悲伤……"Z先生哽咽道："有时醒来看着身边熟睡的妻子就安心了，有时我也会紧紧抱着抱枕，就像抱着梦中的自己。"我的眼眶也湿润了，告诉他："此刻的这个抱枕，就是你的内在小孩。"

第二节　梦的日记

事实上，觉知梦最好的方法就是把它写出来（或画出来），让意识真真切切地看见它。仅仅是记录梦并养成习惯，就会发现内在小孩许多真实的想法。而且写出来本身就是一种倾诉、一种宣泄，有助于缓解压抑和焦虑。在我传播"内在小孩"理念时，都会建议学员准备两个本子，一个是内在小孩日记，另一个是梦的日记。**记录梦**有以下一些要点。

+ 要进行一些自我暗示，"我要记住做过的梦""我要记住今晚的梦"。
+ 梦醒先不要睁开眼睛，先去回味、回忆刚才的梦境。
+ 用手机录音或纸笔记录都行，推荐录音记录碎片内容，之后再具体整理。
+ 记录梦里的情绪感受，这很重要。
+ 记录细节，越细越好。
+ 记录关键词，即梦的主要元素。
+ 记录印象深刻的片段。
+ 记录任何联想，特别是第一时间突然冒出的想法。
+ 记录无关紧要的、无意义的、模糊的内容。

✦ 尽量不要对最初的梦有删减、修改。

✦ 给梦取个名字，这个名字完全取决于你的直觉。

✦ 抽空阅读自己记录的梦，就像读别人的小说。

依据以上要点，当记录"梦的日记"时，试着按这样的顺序书写：①做梦的背景（近几天或当天发生了什么）；②我做了这样一个梦（请尽量客观、不加修饰地描述梦）；③回想这个梦时，我联想到了……（自由联想）；④给这个梦取个名字并记录时间、地点、主要人物等；⑤在梦中我感到……（描述梦中的情绪以及对梦的情绪和感受）；⑥这个梦可能想要告诉我……（梦境是内在小孩的信，他想对你说什么或你想对他说什么）；⑦其他补充。

以下是一位学员（夏灵）依据以上顺序书写的一个梦，十分认真完整，征得她本人同意后分享在此，希望对你有所启发。

【练习：梦的日记】

- 梦者：夏灵

- 记录者：夏灵

- 时间：2022/10/17

- 地点：家里

- 梦中人物：我，爸爸，相关配角

- 梦的名字：遇见未知的自己

第 1 步：做梦的背景（近几天或当天发生了什么）。 好久没有做梦了，今天做了一个梦。或许，以前也做过但淡忘了。今天的梦不想忘记，因为有爸爸在里面。我躺在床上回忆了两遍才起身。

第 2 步：我做了这样一个梦（请尽量客观、不加修饰地描述）。
梦里，我处了一个对象，不知什么原因我正在搬家，男方的母亲让我把行李先放在他家里，梦里那是一个港口城市，有船帆、海岸、黄昏时的路灯……而爸爸建议我再好好地了解一下，别急着定下来，尤其要多了解男方的过往。男方的母亲好像很喜欢我的样子，邀请我多去他们家玩。爸爸这时突然对我说："出门的票已买好了，你的是儿童票。"就在这个时候，朦朦胧胧中远远地传来了布丁（我的狗狗）的叫声，把我从梦中拉了回来，我就醒了。我有点迁怒于它，一转念，也没必要。

第 3 步：回想这个梦时，我联想到了……回想这个梦时，发现这是一个没有任何逻辑，前后不搭界的梦境，没有什么冲突与对话，很像一部黑白默片。每个人好像都很淡定。因为从 2007 年爸爸过世之后，我从来没有梦见过他，所以醒来后觉得很温暖，同时也很依恋，不想起床。甚至，有一点生气布丁不该在这个时候叫唤，扰了我的清梦。

第 4 步：给这个梦取个名字并记录时间、地点、主要人物等。
我给这个梦取名为"遇见未知的自己"；时间为 2022 年 10 月 17 日；地点在家里；梦中人物有我、爸爸和相关配角。

第 5 步：在梦中，我感到……（描述梦中的情绪以及对梦的情绪和感受）。在这个梦里，我感到这是个无厘头的故事。好像无论是自己还是爸爸都希望我有一份好的姻缘，在一起之前要好好做准备。男方的家庭有接纳与喜欢我的氛围，那是一种喜欢与被喜欢的归宿。梦里，我的情绪很平静，没有过往那种不假思索的自我与任性，对爸爸说的话没有对峙与反感。那是一种被爱包围的感觉。尤其是爸爸说，票买好了，是儿童票。我起初顿住了，为什么是儿童票？爸爸，我自己的孩子明明都已成年了啊。起床后，如厕洗漱，脑中的信息和灵感扑面而来，有点像泄洪开了水闸一般。坐在马桶盖上，闭上眼睛把所有一切又回顾了一遍，才安心。头不梳，脸不洗，倚在沙发上记录此刻，不想爸爸再次不打招呼就溜走了，而我已泪流满面。原来我有那么多话一直想和爸爸说。伤心难过，只因未完成……而爸爸的记忆，停留在了我的儿童时期。

第 6 步：这个梦可能想要告诉我……(梦境是内在小孩的信，他想对你说什么或你想对他说什么)。这个梦可能想告诉我的是，爸爸以前没有来过我的梦里，在爸爸的记忆里，我一直是那个依偎在膝边叽叽喳喳的小姑娘。我开心、快乐、阳光，没有烦恼与忧伤。我的婆家喜欢与接纳我，播种与收获幸福的时光很漫长，需要四季的轮回。好像听见爸爸说：姑娘，记得要多看看、多了解啊，尤其是对方的过去，爸爸想看见你幸福的样子。你用尽浑身解数想幸福的样子，太难了，一定很辛苦吧。每一次大的变故都不曾告诉爸妈，你一定是太爱他们了，不想让爸妈担心和不安心吧。我想，这就是我对爸妈最清澈而又用心的爱吧。想听爸爸说：女儿，不幸福也没关系，别太用力了，你独自欣赏自己的样子，一样很美好。所有的未完成，都需要被记录和看见……拥抱我的内在小孩。

第 7 步：其他补充。因为爸爸过世时，我已经再婚一年了，而这件事对于爸爸——最珍爱我的人之一，却成了一个永恒的秘密，他不能参与我人生的另外一部分。不知道这算不算一个遗憾呢。我想说：爸爸，你的女儿已经恢复了自由身，体验了很多人生经历，一切安好，请放心吧。爸爸，对不起，我人生中青春期之后的秘密都不曾与你分享，我很爱你，谢谢你……

当然，如果你刚开始记录"梦的日记"，也可以不用按照我说的7个步骤来记录。还有两种记录方式：一种是纯粹记录，想到哪记到哪，不用考虑措辞与逻辑，把梦本身的荒诞原原本本记下来；第二种是在此基础上进行修饰，可以把梦进行打磨，按喜欢的方式修改，一直到你满意为止，使梦的日记更加通顺、流畅、丰满。修改自己的梦也是当下的无意识流动。这样记录的梦也许不那么原始自然，但会增添更多你想不起来的细节，而细节要描绘清楚。如此一来，当你再次读自己的记录，就会觉得它更接近意识，更容易接受。但要注意保留修改前的原始记录，并思考为何这样修改（这会令你看到对内在小孩的防御和保护）。

下面，我分享自己两个修改过、细节详尽的梦，作为这类记录形式的参考。

梦一：寻找自我

我走过一个小城市，那里却有种城镇的感觉。建筑老旧、斑驳、灰色调、沧桑，看着平凡又普通，甚至有些破败。有一个工厂，旁边道路狭窄起伏，有很多随意放置的、散乱的、废弃的黑白和暗绿色的编织袋，里面鼓鼓囊囊装着东西。旁边有个宽大的、七八层高的旧宿舍楼，又像是灰色的老旧厂房，里面传来旧机器转动的轰鸣声，有个旁白说"这是一个纺织厂"。

随后我看见几个女工在远处说笑，工厂里也传来很多女工的声音，附近晾晒着女性衣服，还有开会喊口号的声音，像是在搞团建，那些进取的口号好像是"争夺第一、促进生产、完成销量"等鼓舞人心的话。我想，也不过如此罢了，这么破旧的工厂能做什么呢。

我要去拜访一位男性"知名人士"，听说他很有名望，是这家企业的负责人、厂长和老板，也好像整个城镇都是他的，反正听旁人说他很厉害。我走到了他的办公室，但他并不在，我看到他的办公室不大，很简陋，但整洁，窗户外面好像就是那个工厂，窗户也很大，干净明亮，窗户旁有套简单的办公桌椅，桌子上的办公用品看起来也简单普通，甚至过于平常，桌子右边有棵绿植，好像是发财树，长得不好不坏，也很普通。我坐到了他的椅子上，看着周围的一切，心想，看这环境也不像传说中的那样好，这个老板也应该很一般吧，有点瞧不上或失望，或者不过如此的感觉。

这时，椅子突然慢慢把我托举起来并一点点升高，椅子也在慢慢上下翻转，我的身子不一会就开始倒置了，但椅子没停，只是缓慢转动，我倒着身子却也没太害怕，并没有担心自己会掉下来，然后我在旋转中发现一切景象大变了样！

窗外的那些灰色破旧厂房等建筑物从上而下在慢慢变色，那种变色不是颜色的变化，而是好像开始贴了一层厚厚的破旧的无颜色的巨大包装纸，这时正在自动慢慢由上而下像脱衣服那样被褪下，褪去的地方颜色翠绿、生机盎然，与另一半的灰色破败形成了鲜明的对比和视觉上的强烈冲击！慢慢地，整个世界都被翠绿映照得十分鲜艳、亮丽、煞是好看！不仅如此，小镇其他地方也变了样。

就这样，我一边跟着椅子旋转前行，一边惊讶地望着这不可思议的变化。好像之前铅笔的素描变成了以浓重的绿色（准确地说应该是翠色）为主的鲜活生命，有山、有树、有湖泊，不再是旧模样。这时候一个旁白说："你看这才是真正的实力（类似这样的话）。"我心想，唉，不能光看表面啊，刚才我看见的一切只不过是表面那一层而已。这时椅子慢慢翻了上去，我看到不远处绿树葱葱，有池塘、竹林，还有几桌游客在聊天品茶，我想这就是主人的待客之道吧，果然很高级，这是要请我去喝茶啊。

而此刻椅子好像消失了，我躺在两根索道上，我的头部、颈部顶着狭窄的部分，双手紧握索道，双脚也蹬着两端。我慢慢升高，升得很高，整个城镇就远远在下面，索道开始滑动，我开始有些担心，朝下望了望，心想掉下去必定摔死。于是我握紧了绳索，头颈部也用力卡住，生怕自己掉下去，很累，也有些抱怨，他们的安全措施太不好了。后来我发现自己的担心有点过头了，索道虽然时高时低，但速度非常缓慢，也很平稳。风和日丽，一点儿风也没有，我开始有点儿放松下来，尽管还有些忐忑，却也有心情来欣赏各处美景了，真是景色宜人啊。

这好像又是个巨大的景区，索道一直滑行，有许多站点，有几个站点我下来过，并在其中一个站点买了包香烟，标价28元，最后20

元买的（我常抽的牌子）。好像还有个朋友，她和我一同砍价并替我支付，我们各种谦让，然后一起坐索道游玩，她总是照顾我，但好像又想让我照顾她。有几个站点时间比较赶，可能和她在一起耽搁了，也没下去。后来开始返程，我发现她又转回去了，我问她为何，她说，你若是没玩尽兴，难道不再玩一次吗？况且很多地方我还没玩过。我有点自责，纠结要不要陪她再玩一次，我想到若是我这样，她肯定会陪我玩一次的。但我的确已经玩过了啊，不想再回去了，最后可能就这样冲突着，也没回去。她独自回去了，我则继续赶路，沿索道向上返程。

在离出发点不远的一个站点，索道再次停下来。在索道边，像是有一个小茶屋，有位男士坐在沙发上喝茶，旁边有工作人员在给他介绍说这个沙发其实很宽大，只需要反过来就能坐八个人呢，并且让他坐下，指点他如何操作。我一看还真的很宽大呢，虽然没那么豪华上档次，却是一个舒适的沙发椅。于是我哑然失笑，心想自己怎么那么死心眼，早没意识到呢，于是我把索道的位置反过来，果然，很舒适的一个沙发椅，我坐在上面，索道继续运行，十分惬意。

最终，我回到了最开始的那个出发点，也就是那个老板的办公室，看到一位中年男性有些秃顶，中等身材，穿着土黄色的休闲西装，面色和蔼可亲，在同另一位卖东西的女士说笑聊天，走来走去，普通又随意的样子，让我觉得舒服安全。当时我想，你看我还走了那么远找来找去，说不定我那会来的时候他就在这里，只不过我觉得这个人没什么出色之处，才忽略了，没看见他。最后我感慨道：绕了一大圈，玩了那么多地方，原来他就在我身边啊。

梦二：温水煮鱼

我梦到我和我的母亲好像在老家房子里。母亲在一个铝盆里放了一些水，上面正在煮一条鱼，一条大鱼。盆里的水有些少，浅浅的，下面燃气灶开着，开始时火苗比较小，那条鱼就在里面转悠，好像也觉不出热的样子，就是温水煮鱼。然后我就过去把燃气灶的火开得很大，目的是让那条鱼感受到自己正在被煮，于是那条鱼开始不停地往外跳。不一会儿它就跳到了地上，在屋里跳来跳去，又从屋里跳到了院子里，看起来非常有活力、非常强壮、非常有劲。

母亲开始埋怨我，嫌我没煮好这条鱼。我对这条鱼感到非常害怕，因为它充满了黑暗能量，非常凶恶，很有杀伤力，令人生畏。这时我看见了我养的黑狗（现实中我的狗），心里多了一些安慰，心想还好，还有我的黑狗保护我。所以我的黑狗就和那条鱼打在了一起。那条鱼牙齿很白，很有攻击性；我的狗牙齿也很白，也很有攻击性。它们两个就那样撕咬在了一起，不分上下……

第三部分

疗愈内在小孩

◆ 第十一章

内在小孩的『反转』

第一节 什么是内在小孩的"反转"

"反转"是疗愈内在小孩的底层逻辑。本书全部精髓可浓缩为"两大法宝":一个是"觉知",另一个就是"反转"。如果不理解内在小孩的反转,疗愈就变得空洞和流于形式。

反转这个概念是我对心理咨询经验的总结,是疗愈内在小孩的核心概念,如果用一句话来定义,就是**创伤内在小孩要让自己进入某种痛苦,再通过努力把这种痛苦转化为不痛苦。**

我的反转理念与弗洛伊德提到的"强迫性重复"、温尼科特提到的"未完成事件",指的是同一件事情。早年那些创伤事件发生时,由于自己年龄小、力量弱,为了生存,不得不接受创伤事件的发生,根本无力改变。当时的情绪并没有被真正地表达,情感并没有被真正地安抚。那么,长大后潜意识依然会去重复类似的创伤体验,进入像早年一样的痛苦,并试图表达这些压抑的情绪情感。**反转,就是潜意识让未完成事件一次次地完成,以此来"扭转当年的糟糕体验",是一种"修复创伤"或"重新掌控"的潜意识心理过程。**

我们总说内在小孩没长大,不是说一个人的实际年龄不长了,而是一部分的心理能量停在了那里。之所以停在那里,就是因为上面提到的当时有些情绪没有被真正地表达。换句话说,就是事件虽然远去、记忆虽然模糊或遗忘,但内在影响会持续存在。所以,长大后的每一次"反转"都是在内在小孩出现的时刻，那一刻创伤被激活，你好像回到了"孩子时刻"，体验到了当年那些事件发生时那个孩子的感受。

如同本书描述的所有成长故事中的主人公或你本人，在情绪失控或崩溃的那一刻，所有表现都不像一个成年人该有的行为，而是真的像极了孩子，这就是内在小孩出现了。而他出现的目的就是"反转"，变被动为主动，改变早年不曾改变的体验，被好好对待。

我先结合前面章节学过的理论举个例子。

假如你拥有被捆绑的内在小孩，早期的重要创伤来自养育者的控制、挑剔和指责，那么你本该有的情绪是愤怒、委屈与悲伤，该有的行为是对抗、哭喊、表达不满；但那时你的力量相当薄弱，必须依赖养育者才能生活下去，于是，就压抑了上述情绪和行为。你忍耐下去了，但并未表达，或者你试图反抗，结果被更严重地打压，多次失败后你不得不放弃，继而变得沉默、懂事、听话，并形成了这样的功能自我——顺从型人格。但这一切并没结束，它们被刻在了内在小孩的印记中，一旦有机会就会"反抗"，变成前面讲过的"攻击型人格"或"完美型人格"，以此完成当年未完成的情绪、行为。在一次又一次的反抗中，你会获得新经验，内在小孩会被疗愈。但前提是你要先进入一种与早年类似、被捆绑的感受中，才有反抗的可能。于是，你会很敏感地觉得对方一直在挑剔你、激惹你，你很可能会做一些事挑衅伴侣或让领导误会你、让同事朋友指责你。当你被指责、被误会时，你就有了与早年相似的感受，你就有机会表达早年的反抗和情绪了！比如争吵、辩论、报复、肢体冲突、冷暴力、拒绝、疏远、拉黑，这个过程就是反转。

我们继续描述反转。

+ 敢反抗本身就是反转，因为早年那个作为孩子的你根本不
  敢！这就是变被动为主动的过程。

+ 我们对抗的并不是某个人，而是那种被控制、被挑剔的感受，
  只是让某个人承担了部分早年养育者的责任。但别人并没有
  义务来满足我们，所以结局往往是破坏了关系，毕竟对方不
  是心理咨询师，没法理解反转的动力。

+ 对方没接招逃开了，或者根本没留意到，觉得无所谓，它变
  成了你一个人的内心戏或一个人的战斗，反转也就失败了，
  就好像拳拳打在棉花上。

+ 你的反抗遭到了更无情猛烈的攻击和报复，你再次被对方打
  败，此时就是重复创伤，反转失败，这十分常见。

+ 在有效的心理治疗中较常见的是，当你向咨询师表达攻击和
  不满时，他没有逃开，也没有不在意，更没有报复你，而是
  稳稳地接住你的情绪并引领你看清这个过程，这叫反转成功。

+ 反转往往会有熟悉感、痛苦感，也会有兴奋感，因为调动起
  了战斗欲望，好像"我终于可以为当年的自己复仇了"。

在此，我还要单独补充一点：一旦创伤内在小孩出现，当事人会
有种**"时空交错感"**，就好像"两个世界重叠在了一起"，它们相互纠
缠、交织、模糊不清、很难厘清边界。这也是"反转"难理解的地
方，**因为当事人很难分清自己是在重复过去，还是在经历现在。**

一位女士谈了个男朋友，这位女士早年被父亲虐待，形成了"被虐待的内在小孩"。那么，她在与男友交往的过程中，一旦感到对方的态度不好或批评她，她的内在小孩就很容易被激活，她就会有超乎寻常的恐惧、战战兢兢、逃离等情绪和行为，在她的印象中父亲和男友的角色混淆了，此刻的她与早年的小女孩也混淆了——犹如两个世界的重叠，一个世界是小女孩和暴虐的父亲，一个世界是这位成年的女士和男友。这种时空交错令这位女士很难辨别哪种感受是父亲带来的，哪种是男友带来的；哪种感受是自己的，哪种是小女孩的。这就很容易影响她的恋爱观、婚姻观，也让她无法看见真实的男友，因为男友身上总有父亲的影子。

第二节　反转的成功与失败

为了更加清晰地认识反转，我们再看两个故事。

把动荡转化为平静

T 先生早年频频转学、搬家、被忽视、被抛弃，生活底色充满动荡不安。长大后，工作、生活、家庭比较稳定了，但他总鬼使神差地设法让自己不稳定，比如户外探险，更换工作，发生婚外情，忘记接孩子，经常与妻子吵架，选择冒险的任务……这一切都会让自己处在类似早年的动荡不安中。

有一次，某个分公司出现了员工离职、客户投诉、中层贪污这样的动乱，总公司需要派一个人前去整顿。当时全公司的人都唯恐避之不及，担心被卷入其中，但刚去公司不久的 T 先生却自告奋勇请战。尽管他也想过，如果干不好很可能会丢掉这份工作。而总公司为了考验 T 先生的能力，同意了他的申请。

分公司已是"满目疮痍"。"这种超级混乱动荡的局面很像我小时候的经历，" T 先生说道，"但奇怪的是这居然让我有点儿兴奋。" T 先生立即化身"超人"，全情投入工作。他冷静、理智、果断、有条不紊地安排工作，安抚员工情绪，积极与客户沟通，与财务对账……

不到 3 个月就初步稳定了分公司，使其恢复了正常运转，T 先生也受到了总公司的表彰。"当时没感觉，反而是被表彰后觉得十分疲惫，就像跑了 2 个马拉松，在床上连躺了 3 天。"后来 T 先生回忆道。

从 T 先生的故事中，我们会明显地看到反转的成功：**在不稳定中求稳定，在不确定中求确定，在无助中获得依靠。如果创伤是魔鬼，那么反转就是天使。**这名倔强反转的 35 岁成年男性正是当年那个 5 岁的男孩，现在，他冒着巨大的风险进行自我疗愈，扭转早年痛苦的体验，幸运的是反转成功了。

无论多么努力，还是没法令人满意

F 女士拥有典型的被捆绑的内在小孩，小时候父母对她要求十分苛刻，从幼儿园开始就给她列出各种"评分表"，对生活和学习中的表现都严格打分。比如按时睡觉加几分，不挑食加几分，读完绘本加几分，成绩第几名加几分；与之对应的则是严厉惩罚，不按时完成作业、不礼貌、顶撞父母、被老师点名、吃饭挑食等，不仅要扣分，还要罚站甚至挨饿。"我经常觉得自己像是被脱光衣服当众展示，他们就在仔细地围观我，并给我打分。"F 女士这样形容。

在这样的捆绑控制下，F 女士最终考上了名牌大学，并在一家国企担任中层，过上了看似优越的生活，但 F 女士说"就像被恶魔附体、被评分表控制、被安了监控，我不能有任何差错"。F 女士的功能自我就是典型的完美型人格，一点点小差错都会让她觉得自己很差劲，无论现实中她多么优秀。

F女士患有心因性心脏病（心理原因导致），每当觉得自己"不够好"时就会出现大汗淋漓、浑身发麻、心动过速、大脑空白等症状。有一次，一位下属在办公室说要辞职，F女士被吓坏了，认为自己作为领导极为不称职，随即心跳加速、脸色苍白，并跑到厕所呕吐。她还专门召开会议澄清，但会议期间她感觉有好几个下属对她翻白眼，还有一个人的手机居然没调为静音，响个不停。这让她再次恐慌，草草结束会议去找分管领导，没想到分管领导说她小题大做。这句"小题大做"直接导致F女士心脏病复发，还打了120，去了医院。F女士告诉我："当时我觉得羞愧难当，恨不得找个地缝儿钻进去，就像被扒光了衣服，甚至觉得工作就要丢了。"

类似的事情发生过几次，而她也表达过激烈的反抗，去和同事对峙，去找领导哭诉，去找闺密、丈夫吐槽。她还采用了顺从讨好的方法，比如去领导家送礼，请下属吃饭，来证明自己没那么糟糕，但每次得到的结果都让她觉得更糟，甚至感觉领导在躲着自己，同事也好像在取笑她。这一切令F女士异常愤怒，她曾经在咨询过程中破口大骂、脏话连篇，事后又向我道歉，说自己根本不像知识女性，是个地地道道的泼妇……

F女士的故事充分展示了**"反转失败"**。她采用完美、对抗、顺从的策略为自己进行一系列的"反转"——申冤、讨回公道、倾诉、宣泄、证明，但是结果都不是她想要的，而是重复了早年被压制的创伤体验。这位41岁的成年女性拼尽了全力去扭转，但最终一次次回到小女孩的情绪感受中——委屈、悲伤、羞耻、恐惧、愤怒。

为何"小题大做"那么伤人，因为在内在小孩看来，这就是天大的事（像 F 女士小时候在门外黑夜里被罚站时的感受）。所以，当你的内在小孩出现时，千万不要像多数人那样评价它"不值一提""小题大做""较真""事儿多""杞人忧天"——这些都完全无视内在小孩的创伤，都是冷漠的评判。

而无论是闺蜜、丈夫还是领导、同事、下属，没有一个人看见 F 女士的内在小孩，也不管 F 女士是否在用这样的方式"反转"，更不可能带给她一直想要的被理解的感受。于是伤害一直延续，这就是创伤的重复，或者说反转失败！

然而，悖论在于那一刻的内在小孩根本不分场合、不分对象，就像 F 女士，关系中的另一方也不再单纯是领导、同事、下属，职场角色模糊了，对方变成了她期待的"理想化父母"，一次次索要，一次次得不到，再一次次索要，最终疲惫不堪，甚至躯体化为心脏病。

在没有充分理解内在小孩之前，反转失败才是生活常态，毕竟没人有义务来理解你的内在小孩，像 T 先生那样的成功少之又少或只是暂时的。生活中的反转总是失败的原因是：第一，反转来自潜意识居多，当事人并不知道他正在通过"让自己痛苦的方式获得另一种满足"；第二，关系中的反转取决于对方的态度，多数情况下对方做不到接纳，这就会带来二次伤害；第三，对方要成为类似你早年的父母，这很难做到。这就是很多人寻求心理咨询的原因，有经验的心理咨询师能够看见内在小孩渴望什么、恐惧什么、反转什么，最终给予内在小孩理想化父母的感受，让他得以疗愈。

如同温尼科特所言："在精神分析治疗中，其实真的没有什么新鲜的事情，能够发生的最好的事情就是，那些原本在一个人的发展中没有被完成的事情，在后来的某一个时间里，在治疗的过程中，在某种程度上被完成了。"这里说的"完成"就是我谈到的"内在小孩的反转"。

像 F 女士、T 先生这样的例子比比皆是，不一定非得发生在关系中，比如：

+ 很多逆恐行为（玩过山车、滑雪、体验鬼屋、蹦极、看恐怖片等）都是在反转恐惧感；
+ 总是让自己远离人群体验孤独，实际上是在反转被抛弃感；
+ 脑海中的邪恶念头和复盘，都是在反转焦虑；
+ 总是强迫性完美就是在反转脆弱无力；
+ 强迫性整理、清洁等是在反转内心的肮脏、失控等感受；
+ 无限包容孩子和小动物是在反转被控制、被捆绑；
+ 慈善、公益有时候是在反转无助感和被拯救情结。

另外，还有一种现象，如打孩子、虐待小动物、伤害弱小等，被称为"投射"而不是"反转"。这是在用"转嫁"的方式让对方品尝你当年的感受，很多的创伤代际传递就是如此。本质上投射与反转是一回事，只是**投射对外而反转对内，投射具有破坏性，反转具有建设性**。

太多父母不知道怎样做父母，好像自己怎么做都不对，就是因为他们一直在孩子身上投射自己的内在小孩，比如"逼迫孩子成为他们想成为却无法成为的人"或者"唯恐孩子成为他们自己不愿成为的样子，不愿让孩子遭受他们遭受的磨难和辛苦"，结果都变得矫枉过正。

第三节　创伤中开出的花

作家莫泊桑说："生活不可能像你想象的那么好，但也不会像你想象的那么糟。我觉得人的脆弱和坚强都超乎自己的想象。有时，我可能脆弱得因一句话就泪流满面。有时，也发现自己咬着牙走了很长的路"。这就是创伤内在小孩的**两面性**。事实上，反转的整个过程就是在创伤的废墟中努力绽放出花朵的过程。

案例　在关系中得不到的，在绘画中得到了

V先生早年有过被抛弃、被嫌弃的诸多经历，这让他养成了近乎苛刻的完美型人格和回避型人格。他逃避亲密关系，害怕亲密关系，因为他的内在小孩深信，一旦进入亲密关系，一旦动了真情，就可能遭受被抛弃、被嫌弃的毁灭性打击。V先生并不是一开始就这样的，以前他也试过几次恋爱和交友，但最终的结果似乎都验证了他的恐惧（反转失败），于是他不得不放弃。然而他的内在小孩又特别渴望拥有好的体验，于是V先生把全部精力放在了事业上。他的事业是绘画，这样的艺术类工作完全契合了他的完美型人格特质，并且释放了他在人际关系中的负面情绪，他越画越上瘾，越来越有创造力。有时一个人在画室待好几个月，停不下来，吃住都在画室。就这样十几年下来，他成了业内小有名气的画家，拥有了很多粉丝，并开始在网上教

授画画。近两年他开启了城市巡回画展，得到了高度认可，特别是受到了一些有名望、有地位的专家学者以及权威领导的关注与欣赏——V先生反转成功了！但有时他仍会涌现孤独感、无意义感、空虚感，有时依旧忐忑，害怕到手的这一切都会失去，害怕接下来不能继续超越，这些感受也在悄然地消耗着他。

我喜欢的一句拉丁谚语是"**穿越逆境，以达繁星**"。V先生事业上的巨大成就正是"创伤之花"，他虽然没有在人际关系中获得反转体验，却在自己强大的功能自我中获得了成功，获得了一种与"被抛弃、被嫌弃"相反的体验。V先生成功的动力正是"创伤"，正是他的恐惧，他太害怕那种被嫌弃的感觉了，做任何事都不得不做到最好，以回避这种感觉。于是他在绘画领域取得了不凡的成就，让内在小孩得到了疗愈。而诸如绘画、音乐、书写、雕塑、舞蹈等艺术类工作本身就具有疗愈性，能够让内在小孩得到某种"绿色安全的反转"。就此而言，V先生是幸运的。

当然，几乎所有没被创伤压垮的人，都会在生命中开出不一样的花！这就是"原初内在小孩"的生命力！也是我们常说的"压力便是动力""不成魔不成活""触底反弹""绝处逢生""柳暗花明又一村""绝地反击"等词句的心理学含义，没有打垮你的最终会让你变得更强大！影片《热辣滚烫》探讨的就是这个主题，女主角通过不屈的努力扭转了那个颓废的自我，绽放出了生命活力，并获得了尊严与尊重。我接触过的80%的来访者和学员，都在自己的某一领域独树一帜或崭露头角，这正是基于他们强大、严苛的自我保护策略，他们太怕失败了，所以必须成功！**在对同一事物的追逐中，为生存而战的人一定会战胜为消遣而战的人！**然而如同 V 先生，其成功的副作用就是孤独感，也会有高处不胜寒的寂寞感，毕竟内在小孩还是渴望被一个活生生的人懂得并爱惜的。

我再次强调，创伤就是创伤，即便它给你带来了世俗成就，也无须赞美、歌颂创伤，**毕竟小孩子没有选择权，如果有选择，没人会选择苦难**。因此，我希望你绽放的是那种真正反转成功的花朵，而不是凄美的花朵。这需要内在小孩得到足够的滋养，需要与内在小孩和解，让他健康长大，与你合二为一，这样你不仅获得了世俗成功，而且更重要的是拥有内心的自在与宁静。如此，就能够享受成功和喜悦，而不必像 V 先生那样忐忑、内耗。部分来访者经过多年心理咨询后，在生活中得到了这种体验。他们通过反转成功，真实绽放，拥有了强大的心理能量，因为他们找到并疗愈了自己的创伤内在小孩。请放心，只要去疗愈创伤内在小孩，未来就一定充满希望！

第四节 叛逆与反转

叛逆的基本意思是"我不再采用原有模式",表现为"我不再在意别人怎么看我""我要我觉得而不要你觉得""**我有了被讨厌的勇气而不是害怕被人讨厌**"。在反转的某个阶段,你必须成为一个叛逆者,我称之为"**人格革命**",也许是中年叛逆,也许是老年叛逆——叛逆本身就是反转的一部分!

人格不独立就会讨好献媚,在夹缝中生存,活得毫无尊严。你的幸福与否取决于别人的脸色,这是非常悲哀的事情,因此你要改变,但改变是需要付出巨大的心理能量的。

案例 一位中年女士的"黑化"

如今 37 岁的潘女士终于可以做一个"坏人"了!她最大的坏就是"自私",这是从小母亲戴在她头上的魔咒。在这个魔咒的控制下,潘女士高中没读完就外出打工,赚的钱全部供弟弟读书,这个习惯一直持续到她有了自己的女儿。前几年父母和弟弟也总会以各种理由向潘女士借钱,但从未还过。不仅如此,父母和弟弟所有的事情都会让潘女士帮忙,而潘女士自己的事情,包括产后抑郁、阑尾手术、乳腺手术等,父母却从不过问,甚至连面都不露。"我从未记得他们说过一句关心我的话。"潘女士有一次大哭道。如今的潘女士判若两人,真的变得"自私自利"（此时的自私我称为"自爱"），她拒绝弟弟借钱，拒绝家庭聚会，拒绝过年回家，拒绝领导同事的不合理要求。并且第一次严肃地要求父母归还自己的钱。"我就像变了一个人，那个乖巧懂事的女孩再也不见了，"潘女士说，"**这让我很爽，好像生平第一次为自己而活！**"最近，潘女士因为被父母指责而"拉黑"了他们，"也许我以后会再联系他们，但现在真的受够了，除非他们向我真诚地道歉"。1个月后，潘女士的父母居然第一次买了两箱牛奶登门，父亲第一次对潘女士说了一句"对不起"。潘女士红着眼和我说的时候，沉默了足足3分钟，而后号啕大哭，隔着电脑屏幕我都能感受到这个坚强女子此刻的委屈与伤心。

看完潘女士的故事，你有什么感触？关于**叛逆**，我有以下几点建议。

+ 不要评判自己，不要道德绑架自己。因为如果你不经历战斗，人格就会一直被压抑，就会活得很憋屈，为了改变，暂时不被理解是常态，你应该支持自己的"叛逆"与"自私"，捍卫自己的主权，远离那些让你难受的人，无论是谁！

+ 叛逆不分年龄，改变没有迟到。什么年龄都不晚，不要觉得你很幼稚、很冲动，不要觉得你年龄大了，对方老了。相反，你的生命需要幼稚和冲动，你活得太理性了，你压抑了真实的情感力量！

+ 需要被支持。叛逆会导致关系动荡，因为你改变了，他们都不习惯你的改变，他们习惯让你听话、让你顺从、让你变成他们想要的样子，所以你的叛逆会令他们害怕，害怕会让他们报复你、绑架你、威胁你。此刻需要有人给你支持，让你坚定方向，这个人或许是咨询师，或许是一个团体，这相当有必要，否则很难坚持下去。

✦ 请放心，叛逆只是阶段性的。等你内心足够强大，过了叛逆期，在不断反转中得到了真实的新经验，那些被破坏的关系还会回来的。那时候的关系才是平等、尊重的关系，而不是从属关系！

✦ 别以为要叛逆的必须是大事件，很多小事你从来没做过、不敢做或做了就很愧疚，也可以去尝试。比如你从来没有让自己突破过小规则，比如从来没有过插队、迟到、吃垃圾食品、大喊大叫等行为。

【练习 1: 深刻理解反转概念，并觉知自身经历】

看看能否列举几个发生在你身上反转成功或失败的例子，去感受那一刻的自己，并把那个自己当作一个孩子，去安慰他、嘉奖他。

【练习 2: 尝试"小范围叛逆"】

做一两件你之前从来没做过的或想做不敢做的事。不要有任何道德评判，觉知过程中的感受变化。

【练习3：朗诵《我已经长大了》】

我爱现在的自己，

我用爱拥抱我的内在小孩。

我愿意打破自己的限定，

我为自己的人生负责。

我是自由的，

我已经长大成人，

要用爱照顾我的内在小孩。

我现在打破了过去的恐惧和限制，

我实现了反转，

我可以安心地表达情感。

我爱自己，

爱我的内在小孩，

我正在创造自己的未来。

第十二章

◆

做自己的内在父母

第一节　内在父母应该有的八种态度

内在小孩无时无刻不在渴望有个人能好好地理解自己、对待自己。这个人就是你心中的**"内在父母"**，或者**"理想化父母""内在疗愈者"**。内在父母的任务是让你学会如何对待自己。

接下来，我会把内在父母的态度归纳为八种，也会针对每种态度搭配小练习，这能让你快速找到感觉。**注意，练习的时候，请一定读出声音，而不是在心中默念。读出声音并听到，意味着内在父母正在与内在小孩对话。**

第一种态度：照料与保护

生病时渴望的是被照料；被欺负时渴望的是被保护。有位朋友说："当我生病的时候，我会给自己买一束花，会住在单人病房，会雇个护工 24 小时照料我，吃任何好吃的，被人搀扶，想要有人守护在我身边给我盖被子，给我读书听。"这就是自我照顾，用尽一切资源来让自己舒适。而一旦感到被他人不友好对待或被邀请参加不太愿意去的聚会，就应该疏远或拒绝。**要在内在小孩遇到任何危险时挺身而出，勇敢抗争，勇敢说"不"**！**优先考虑自身安危而不是他人的眼光与评价。**

【练习：变回宝宝】

想象自己是几个月大的宝宝，找一张最舒适的床，把被褥弄得暖暖的，像摇篮的样子，让自己蜷曲在里面，播放一首催眠曲，四周散落一些小玩具。想象最关爱你的妈妈在身边（这个妈妈是你想象出来的最有爱的妈妈），然后，尽情做一些小宝宝的动作、表情：伸伸腿、蹬蹬脚、哇哇叫、哼哼闹、呜呜哭、嘎嘎笑、把手指放嘴里吸吮、做各种搞怪的表情、爬来爬去、弄乱房间、尽情捣乱……想象这个妈妈正在温暖地注视着你，轻轻拍着你，微笑着陪你玩耍，无微不至地照料着你，并且无任何责怪。

第二种态度：合理的期待

别对自己那么苛刻，人无完人，**不需要让自己承担本不属于你的东西，也不需要向别人去证明什么，你的存在就是最好的答案。**我们已经探索了诸多创伤，理解了这一切后，你有充分的理由降低期待，**把期待维系在令你喜爱的程度。**记住，但凡觉得很不情愿做某些事情，就代表你可能正在对外证明什么。一切为了证明自己而做的，都是在满足他人而非自己，终将让你心力交瘁，因为证明是无止境的。

【练习：对话】

拿出你的内在小孩替代物，叫着他的昵称，经常试着对他说这些话（读出声音）：

- 很抱歉，我对你太苛刻了；

- 我们允许结果达不到想要的样子；

- 亲爱的，没有谁可以尽善尽美；

- 我知道目前你只能做到这样；

- 我对现在的你真的很满意；

- 让我们感谢一直努力的自己吧；

- 与过去相比，你已经足够强大了。

第三种态度：允许

"我允许"这三个字，是心灵废墟中盛开的花！荣格也说过，对于普通人来说，一生最重要的功课就是学会接受自己。只要不再证明自己是完美的、强大的、厉害的、成功的、优秀的，就已经允许了自己的怯懦与缺憾，**允许了自己只是一个普通人、有颗平常心，允许了自己有很多事情做不到，更无法改变任何人。**我知道做到这一点很难，但疗愈内在小孩不就是尽可能地自我允许吗？同时，**我们还要试着允许别人不够好，允许别人会变化，允许别人和你不一样，允许不确定感，允许好与坏并存。**有位慈悲的治疗师这样说："当开始解决自身问题时，我们就像一个充满羞耻感、痛苦、愤怒、恐惧和羞愧的容器。而当我们开始关爱自己时，就像把关爱和悲悯装进了容器。由于容器原本已经盛满羞耻感和其他消极情感，我们必须腾出地方，才能装进自我关爱、慈悲等积极情感。而此时，我们的羞耻感和其他消极情感就会为了腾地方而从容器中倾泻出来。因此，你越是自我关爱和自我悲悯，就会有越多的由孤单和误解造成的悲伤从容器中倾泻而出。"

【练习："我允许"】

这是我的法宝之一，也是在青少年心理治疗中，我送给来访者们的礼物，甚至必要时我会写下这三个字送给青春期的孩子。现在，请在许多小卡片上郑重写下这三个字："我允许"。然后把这些卡片分别放在、贴在你每天能看见的地方——汽车、镜子、冰箱、手机壳、电视、床头、鞋柜、办公桌、电脑等东西上。确保你每天都可以在不同地方看见这三个字。

仅仅是看见，你就会从内心升起诸多感受，也会对当下的自己多一些包容、接纳。如果你可以配合下面这些话语，效果会更加显著："我允许此刻的自己不够好""我允许自己犯错""我允许自己没有完全准备好""我允许自己哭泣和难过""我允许自己懒惰、拖延""我允许自己和别人不同""我允许别人和我不一样""我允许自己胆怯""我允许自己今天心情不够好""我允许自己方才发脾气""我允许自己没有及时怼回去""我允许……"。

第四种态度：原谅与宽恕

向你的内在小孩道歉，原谅曾经认为自己很傻、很天真、很丢人的一切行为，放过自己吧！如果连你都不放过那些所谓的错误，还能奢望谁来体谅你呢？向内在小孩道歉，因为你对他太忽视、太挑剔，甚至极端了。一个孩子如何承受这些压力呢？

学会宽恕是内在父母的必修课。宽恕的顺序是先自我宽恕，再宽恕他人。宽恕他人很难，毕竟怨恨与委屈积累多年，放下恨意绝非一朝一夕就能做到。宽恕也需要一个过程，绝非短短几次就能做到，但最终让你觉得自在的依旧是宽恕了他人。通常而言，我们认为自己无论如何都不会原谅的人，恰恰是最需要宽恕的对象。在你准备好的时候，请默念："我愿意从过去中解脱出来，我愿意原谅伤害我的人，我也原谅自己曾经伤害别人。"**不肯宽恕也许是对的，却不会让你快乐，怨恨就像毒药在体内积累，让你无法释然，无法活在当下。**疗愈内在小孩最终需要突破无法宽恕的牢笼，让自己得以自由。露易丝·海说过："宽恕会让你明白，真正的你与过去的经历无关，**你的经历不是你的身份。往事或许会深深影响你，但不能用来定义你。你**对人做了什么，或别人对你做了什么，都不是你个人故事的结局。有了宽恕，你将揭开新的篇章。"

请记住，**宽恕与接受是两回事**，原谅某个人不代表你认同对方的行为与态度。宽恕是发生在你内心世界的事情，完全与另一个人无关，只是让你从痛苦中解脱出来。宽恕也不代表你允许他人持续对你做出伤害的行为，你依然要反抗和拒绝！原谅与宽恕是你与内在小孩的事，与那个人无关！

【练习：自我宽恕】

放松身体，深呼吸。在一个舒适、安全、安静的环境中，打开镜子，看着镜子里的自己，好好端详这个自己，稍等片刻，对自己说出下面的话（**读出声音**）。

- 亲爱的，我会原谅你，无论你做过什么。

- 亲爱的，一路走来，你辛苦了。
- 亲爱的，以前我对你要求太高，过于苛刻，今天我要对你说"对不起"。
- 亲爱的，我知道在那时你已做了最好的选择，我却还是抱怨你，对不起。
- 亲爱的，我知道你已尽力了，那不是你的错，是我错怪你了，抱歉。
- 亲爱的，我现在理解了，你所有"不良习惯"都是在缓解焦虑不安，我不该责怪你、打击你，对不起。
- 亲爱的，那时候你没有错，你只是太担忧了，你做了当初最好的决定。
- 亲爱的，你所有表现都在尽可能呈现好的一面，做不到也没关系。
- 亲爱的，我原谅你当时的行为、态度，因为我知道你其实很受伤、很无辜。
- 亲爱的，我原谅你所有的冲动、鲁莽、幼稚，因为我知道，你只是在表达害怕和不被理解，你也很无奈，你也很想做好，你只是在传递渴望，没啥大不了的。
- 亲爱的，一切都会好起来，我们共同去经历吧，我爱你！

第五种态度：身体的安抚

前面我们已知道，身体会替你承担痛苦。善待自己的身体，当自己很累、很疲惫或很难过的时候，似乎最好的方式就是泡个热水澡，抚慰身体。记得几年前我第一次做面部按摩，按摩师温柔地抚摸我的面部，轻轻地按压我的额头，耐心地轻抚我的脸颊……那一刻，我觉得自己很小很小，有种在母亲怀里的感觉，觉得很幸福，很想哭。所以，**安全亲密的肌肤之亲似乎是每个人最原始的依恋，多创造这样的机会。**

【练习：安抚身体】

专门给自己一段足够的时间，去让你感觉舒适的按摩店，找一位最有爱的按摩师。把她想成最好的母亲，把自己想成小孩子，想想哪种身体接触能给你带来最好的安抚效果，比如抚摸额头、头发，挠背，揉脚等。然后选择最适合的按摩项目，开始一场身体安抚之旅。

在按摩过程中好好享受、细细体验，提出任何能带给你更好感觉的要求，想象这位母亲能全然满足你，继续慢慢品味，把自己当成小孩子——这是一段慈爱的母亲爱抚孩子身体的特别时光，你值得经常拥有。最好把它当成你生活中的固定习惯，比如安排在每周六晚上。

【练习：爱我的身体 [①]（朗诵）】

在我无限生命的这一世中，

一切都完美、圆满且完整。

我接受健康是我最自然的存在状态，

[①] 引用自露易丝·海的《每一天爱自己》（*Trust Life*），谢佳真译，太白文艺出版社出版。

我有意识地释放出所有可能发展为不良的身体模式。

我爱自己，认同自己，

我爱自己的身体，也认同自己的身体。

我用健康的食物喂养它，

我用好玩的方式锻炼它，

我的身体是神奇又了不起的家。

我很荣幸能够住在这个家里面，

我热爱并感谢这个家，

它让我有了充满活力的自己。

在这个家里面，

我一切安好。

第六种态度：鼓励与奖赏

用一种建设性的积极反馈和回应来对待自己，就是自我鼓励。用一种物质奖励或体验奖励对待自己就是自我奖赏。

【练习：自我鼓励】

一旦发觉内在小孩陷入某种情绪中，比如委屈、愤怒、无助、孤独，或者正在被一段关系裹挟，请尝试这样鼓励自己的内在小孩（**读出声音**）。

- 我认可你，你值得被认可！
- 我欣赏你，你值得被欣赏！

- 你已经长大了，你可以对自己负责！
- 别担心，事情没你想的那么糟，因为你不再是一个无助的孩子了！
- 你是勇敢的，我为你骄傲！
- 你感觉到的一切都是可以掌控的，请放心！
- 就这样选择，任何选择我都支持你！

【练习：为自己花钱】

对，就是现在、就是此刻，不要犹豫，不要评判，不要内疚，不要用任何声音来阻止，不要考虑合不合适，不要多想，马上放下书，拿出手机进入网店，点开你最想要的或一直让你犹豫不决的东西，也许是衣服、鞋子、包，也许是一个课程、一次心理咨询、一件工艺品、一个玩具，马上付款！就在此时此刻，没有理由！只为自己花钱，不为任何人，不需要理由！毫无愧疚地为自己花钱是这个世界上最美的体验之一。

第七种态度：对抗评判者

你发展出来的内在父母可能一辈子都在对抗内在评判者。这是非常必要且自然的事情，如果我们对自己一直有评判，那些所谓的自由可能就不会真的到来。一切认为自己不够好的声音都是评判者，都需要被你这个父母辨识出来，写下来，仔细端详，找出它们的漏洞，去反驳它们、对抗它们、说服它们！

【练习：对抗评判者】

一旦觉察到内在有任何声音在评判你，无论此刻你在做什么，都要先果断地、大声地告诉内在评判者下面这几句话，怎么解气怎么说，说这些话的时候，也许你脑海中会浮现某个人，他也许是你的养育者，也许是你的兄弟姐妹，也许是你的伴侣或任何其他人，都没关系，你要勇敢表达！开始吧（**大声读出来**）！

- 我要为自己而活！
- 我不需要过度承担！
- 我不相信你！
- 不要道德绑架我！
- 我并不欠你的！
- 你已经控制我多年了，我受够了！
- 不要拿你这一套来绑架我！
- 别误导我！
- 停下！
- 少跟我啰唆！
- 胡说！
- 滚！
- 闭嘴！
- 别再骗我了！

请记住，我们有权利去选择，有权利只允许善良、有爱心的人走进我们的世界，更有义务去拒绝一切评判者。

第八种态度：慈爱

大家可以调整自己的姿势，做个深呼吸，静一静心……把眼睛闭起来，想象一个场景：一个风雨交加的夜晚，你在一个非常荒凉的地方看到了一个小孩子（或是一只小动物）。他在风雨中全身都湿透了，很孤独，找不到自己的家，迷失在荒野中，又冷又饿，非常无助，饥寒交迫……

你可以想象走近他，为他遮挡住风雨，把他抱到一个安全温暖的地方，轻轻地帮他擦干身体，然后拥抱着他，告诉他：别害怕，我在这里，我在陪伴你。

可以想象你拿来了一些吃的东西，他好好吃饱了；你给了他纯净的清水，他咕咚咕咚地喝下去，不再饥渴……你把爱心给他，用各种方式关怀他，给他温暖与陪伴。送他回到自己的家园，让他不再觉得孤独。

在这个过程中，一边想象在关怀他、安慰他，一边体会自己的身体和感受的变化，看看当不断把爱心给他时，你自己的身体、内心有什么变化。

可能很多人都会体会到身体有种松开的感觉，内心有种安稳的感觉，甚至有一种被疗愈的感觉。这就是慈爱的神奇效果。当慈爱生出的时候，不仅帮助了他人，对我们自己也非常疗愈、滋养。

多多这样慈爱地对待他人和自己，将会有好的回报。

第二节　慢下来的“正念日”

自我评判可能被终生携带，因此与之对抗的疗愈者、内在父母也必须终身学习，不断完善，变得更有力量、更加坚定。剩下的交给时间，**给自己多一点耐心、再多一点耐心！** 想一想在教孩子走路、说话的时候，我们充满了期待与耐心，不厌其烦地告诉他“别着急，慢慢来”。对你的内在小孩也要如此，尊重他的节奏，不要强迫学习。也要找到适合你本人的节拍，适合的才是最好的，有时候，慢就是快。**曾经“别着急，慢慢来”就是我的座右铭，让我焦虑的内心安定了许多。**

【练习：慢下来的一天】

人生最大的生存智慧：第一，接受别人和你不一样；第二，用正念的态度过日子。你可以把正念简单理解为“觉知此时此刻”。关于“正念日”的具体练习方法，我结合了正念学者一行禅师的方法与自己的做法，现在将其分享在此，愿你也拥有这么安宁的一天。

你要想办法在醒来时就提醒自己，今天是你的正念日。你可以在天花板或墙上挂些东西，比如一张写着“正念”的纸条或一根松枝——在你睁开双眼时可以看到的任何东西都可以，用它提醒你“今天是我的正念日”。今天是你的。记住这一点，也许你会感到唇边的一抹微笑，这笑容会使你确信自己安住在正念中，并且能滋养出更美好的正念。

还躺在床上时，慢慢随顺你的呼吸——缓慢、绵长且有意识地呼吸。然后慢慢地起床（不是像平时那样一下子坐起来），借由每一个动作来滋养正念。起床后，刷牙、洗脸，平静而放松地做所有早上的事情，在正念中完成每一个动作。随顺你的呼吸，看好它不让信念涣散。平静地做每一个动作。用安静、绵长的呼吸来测量你的脚步，保持淡淡的微笑。

至少花半小时洗澡，在正念中慢慢地洗。洗完的那一刻，你会感到轻松且焕然一新。洗完澡，你可以做做家务，例如洗碗、打扫、擦桌子、拖地或整理书架上的书。不论做哪一样，都轻松从容地去做，安住正念中。不要为了赶任务做事，要下定决心以放松的状态，全神贯注地做每一项工作。享受你的工作，与它合一。如果你在正念中做每件事，就不再会觉得工作令人头疼。

对刚开始修习的人来说，最好在正念日一直保持沉静。这并不意味着你一句话都不能说，你可以聊天，甚至唱歌、玩手机，但不论是唱歌、聊天，还是玩手机，都要对你正在说什么、唱什么、玩什么，保持全然的正念，并且尽量少说、少唱或少玩。因为你的定力还很弱，多做这些事，会让你失去正念。

午饭时间，为自己好好准备一顿午饭。在正念中煮饭、洗碗。早上清理房间后，下午做完园艺或者看过云、采完花后，在正念中沏上一壶茶，坐下来好好品尝。给自己充裕的时间去做这些事。喝茶时，不要像那些在工作间歇大口喝咖啡的人一样，要不疾不徐、虔敬地喝。过好真实的这一刻。这一刻，就是生活本身。不要做未来的俘虏，不要为你未来要做的那些事烦恼，不要想着开始或摆脱什么，不要想着"离开"当下。

晚上，你可以给朋友写信，或是在这周的日常事务之外做其他你喜欢做的事。但是不论你做什么，都要保持正念。你可以在晚间清爽的空气中闲适地散步，在正念中随顺呼吸，用脚步测量你呼吸的长度。最后，回到房间，在正念中入睡。

第三节　内在父母也需要父母

　　人是需要**"客体之爱"**的，无论对待内在小孩多么好，也都有犹豫、不坚定、不确定、模糊、疲倦、无奈、失望的时刻，就像一个产后的母亲需要亲友团（丈夫、公婆、娘家人等）支持才可以照顾新生儿，你也一样。所以内在父母需要"客体之爱"，比如权威、领导、老师、长辈、知己、团体带领者、咨询师、读书小组成员、成长小组成员等客体。时间久了，客体之爱会内化为*"自己值得被爱"*的感受，这样你才能慢慢爱自己。

　　有时人感到痛苦，不仅因为痛苦本身，还因为不得不独自面对痛苦，这会更加让人深感挫败。网络时代信息庞杂且过度暴露，而人的真实情感似乎更封闭了，有时特别想倾诉，拿起手机翻遍联系人，最后又默默打消了念头。有时也尝试靠近，但得到的只是某种象征性的安慰，对方并不真的想理解自己，于是更加孤独。

　　而大量心理学研究表明：在他人的陪伴下一起面对痛苦，会让情绪得到很大程度上的缓解，甚至可以疗愈痛苦。这也是心理咨询行业兴起的原因。请个咨询师就像请了一个内在父母的父母，这会给内在父母以力量感，会让你觉得不是一个人在战斗。

我的一个团体

我组织过一个团体小组，开始以"儿童游戏治疗"为切入点，小组成员都是游戏治疗方向的心理咨询师，都是同期同学，有很多共同点。后来随着时间的推移和磨合，有的人走了，有的人进来了。再后来成员逐步固定，越来越匹配同频，慢慢发展成一个以"案例督导"为主的支持性小组，再后来逐步发展成半成长型团体，其中不仅有案例督导，也会有主题讨论和个人议题。如今已经过了七年，七年来我每周都参加这个团体的活动。我们互相见证、互相支持、一起成长，让我的内在小孩得到了滋养。也许今后团体会慢慢解体，但它给我的依旧是此生最美好的回忆，我相信其他成员也是如此。

如果关系足够安全，创伤内在小孩出来的时候，就会表达叛逆与反转，这里面有很多不满、黑暗的部分，比如对自己父母的怨恨，对伴侣的攻击，对孩子的攻击，以及对自身的攻击（愧疚、自责、羞耻、罪恶等）……一旦出现强烈的攻击，你真的无法做自己的内在父母，这时候考虑找一个心理咨询师或团体是十分必要的，这些外部的支持相当于**内在小孩的父母的父母**！

被认可像一块糖

在我自己内在小孩的疗愈中，被认可的感觉功不可没。认可分为自我认可与他人认可。写作是我的爱好，我全情投入其中，有时发现一个好句子就会很喜悦，这个句子是我"创造"出来的，真美好，我会发自内心地**自我认可**，这时就像吃了一块糖，甜甜的。有时我会把一些词句修改到我喜欢的模样，那感觉也像吃了一块糖，对自己很满意。修改完成的作品我会细细端详，就像欣赏我的内在小孩，他真的很棒！我在十几年的写作与心理咨询生涯中，也收获了无数**他人的认可**，无论是读者、来访者、学员，还是编辑、出版社、心理机构、亲朋好友。他们有的对我羡慕，有的视我为榜样，有的想与我合作，每次被这样认可的时候，我由衷地感到幸福。看着自己喜欢的东西能够帮助别人，能够被认可和欣赏，也很像吃了一块糖，香甜可口。

这让我形成了良性循环，**他人的认可与自我认可交替进行**，极大提升了我的价值感与尊严，让我的内在小孩获得了真实的满足。希望你也有个小圈子、小团体，这个圈子和团体也许是关于你的工作的，也许是关于爱好兴趣、关于你真实喜欢的东西的，在那里投入，享受其中，一定也会获得好评。这样的被外界或他人认可也很重要，尽管我们最终要学会自我认可，不沉浸在他人认可中，但也必须承认，在成长的某个阶段，被他人真心认可是重要的"心理营养"。"被认可就像一块糖"，是一位来访者告诉我的，她希望得到我的理解与认可。我觉得这个比喻真好，送给你！

第十三章

与内在小孩的相遇时刻

第一节　经历内在声音

总有学员问："我怎么联结不上内在小孩呢？"这是因为你们的距离太远了，在心理学上称为"情感隔离"。你的内在小孩还没准备好，因此我总是告诉学员"别着急，莫强求，等等看"。

此时除了耐心，我会建议四点：第一，重新回到那六种觉知途径中去练习；第二，每天花 5 分钟写下现在的情绪；第三，每天花 5 分钟正念或冥想；第四，聆听并经历内在声音。

聆听并经历内在声音是与内在小孩的第一种"相遇时刻"：我们每时每刻都在经历着内在声音，这声音无须通过喉咙发出，且无法停止。就算你在工作、学习、与人交谈，内在声音也在扰动；就算睡觉，这声音也会化作梦境。举个例子，当你与孩子讨论他的考试成绩时，内在声音或许是"他怎么又没考好""这样下去可咋办""我该如何改变他""这样说会不会打击他""该死，我真是受够了"……但现实中你可能只会说"咱们看看成绩为何如此"。透过这小例子，可以发现内在声音无处不在。也许它一闪而过，也许你拼命不去想它，但它还是会直接影响情绪，**你无法不让它出现。**

更多的内在声音则是隐秘的、羞耻的、恐惧的、难为情的，让你无处安放。在能量弱的时候，你会被这些声音搞得夜不能寐或陷入抑郁焦虑。如果想把它们表达给另一个人，那么你往往会失望。因为对方可能并不会专注地聆听你，会随时打断你，随时发表他的看法，随时说他自己的事，随时给你好心又无价值的安慰，有时还可能会对你指责、嘲笑、不耐烦。**久而久之，人们渐渐失去了聆听自己内心的能力，更不会对外倾诉。**

与内在小孩相遇，要求你用一种开放、中立的态度来等待内在声音出现。**不轻易打断，友好地聆听，等待，观察，不迎合，不诱导，不自恋，不好为人师。**"好妈妈"对婴儿就会这样。聆听内在声音时，你不再像从前那样把它们赶跑，而是学会了"经历"，去经历这些声音带来的情绪感受。

举个例子，刚开始你的内在感受是生气，你没有追问生气的原因和试图阻止生气，而是安住在生气中。在这种情况下，也许生气会变成愤怒，而愤怒又是被允许的，于是，当愤怒慢慢消退的时候，思绪飘向了更远的地方。也许你仿佛看见了很多次自己，遇见了几段不同阶段的重要关系，又在那些地方停下思绪的脚步。这次驻足又会让你生出更多深层的情绪，比如悲伤与羞耻，之后继续让情绪发生，**慢慢遇见"更具有情感流动的自己"。这种情绪不断延伸、拓展、饱满的过程就是与内在小孩遇见的过程。**就像血液自然流向身体任何一个需要它的地方，滋润着脏器与骨肉。一个人的情感是流动的，气血是通畅的，他就会更灵动。流动的意思是，没有理性层面的阻挡，自然而然地发生。

第二节　深度共情

你可以通过想象的力量，借助内在小孩替代物，借助多种练习，借助六种觉知途径，想象出内在小孩的各种模样。你会想对内在小孩说些什么、做些什么，也会理解他、安慰他——这种相遇的最大特点是"内在小孩是另一个人"，你与内在小孩是两个不同的人。此刻，你的感受是一种将心比心，觉得他好可怜、好无助……这已经足够了。

但我们与内在小孩还需要**"深度联结"**，需要"心与心的相遇时刻"。心与心的相遇会出现在与另一个人的真实关系中，也会出现在与内在小孩的关系中。我也称这种相遇为**"深度共情"**，每一次深度共情都是对内在小孩的疗愈。

下面我从咨询记录中摘录一些切身感悟，它们相当于深度共情。期待你能**带着某种感受**去领悟这些文字。相信遇见另一个人或遇见内在小孩时，你也会有类似的体会。

【心理咨询内容摘录 】

+ 我被 A 感动了几次，眼泪一直在打转，那是一种欣慰与理解、
  一种对生命的悲悯。A 平静了，放松了，说道："老师，我喜

欢你。"这是一种真正的喜欢,超越了情爱范畴的喜欢。

- B说道:"前几天去电影院看《深夜食堂》,梁家辉演的那个角色让我想到了你。比如他对每个来吃饭的人的'看见',或者一句'欢迎回来',或者一个认真的点头。他就只是看着这一切,他什么都懂,他一直在。"

- C的儿子有一次告诉C:"你若想帮到我,就不能是一个心理学家(C本人也是心理治疗师),而是一个纯粹的妈妈,还要变成我的一部分,才可以。"多么生动的表达呀!

- 我感觉F更像是"女儿",十几岁而非40多岁,对爱情有憧憬、新奇、忐忑、羞涩、渴望、激动等诸多体验……"这真是一趟奇妙之旅呀!"我说道。她听懂了,脸上洋溢出青春的模样,咯咯笑了笑,开始倾诉,就像对父亲诉说情怀。

- 那一刻我们都是活生生的人,没了角色,没了分别心,我毫不犹豫地站在来访者这边,与他共同对抗规则,那是本能的关爱。如同在孩子遇到危险的一刹那,母亲奋不顾身冲上去——二者有着惊人的相似。

- K情感丰沛地与我在一起,说着思念与亲近……我全情投入地聆听,传来的每个字都特别湿润,有种"心连心"的感觉,不一会儿,我感到血液流动起来,温暖而滋养。我选择把这感受告诉K,她说刚刚有着与我一模一样的感受,这种久违的联结让她觉得舒畅而放松。

- 我仿佛看见了F那种痛!我很难过,胸口闷堵,喉头发紧。我盯着她的眼睛认真说道:"我愿意陪你走一段!"她听后大哭了 5 分钟，说这是她第一次毫无顾忌地大哭，我让她觉得可以依靠……我也流泪了。

+ M 对我说："从你眼里我看到了温暖与干净——特别是干净，从来没有人给我带来这种感受。我甚至混淆了你的性别，这时候我突然变小了，变成了小孩子，很安全，没压力，也没目的，就只是这样看着。"

+ 在许多青少年心理咨询中，我化身为另一个他，另一个青少年，无论是表情、动作还是言语，都如同他最好的哥们、姐们。这时，我们离得很近。

+ 听着听着，我感到好像与 Q 一起走在她描述的那些梦幻般的山水间，她的语言仿佛有种魔力，如同诗意的泉水、瀑布、雨滴，或直接或间接地敲打在我心间，就像一场情感的沐浴，让我久久不愿离开，有种美丽的忧伤。

+ Z 的情感冲突热烈、激荡，如同大海的波浪，层层叠叠奔涌而来，颜色是墨绿或黑暗的，有时是惊涛骇浪，吞噬般地呼啸而来——我必须陪伴，这种陪伴如同一艘牢固的大船，面对风浪既要跟着起伏漂荡，又要始终稳定、坚固、默默无言。

+ "你很努力地平衡现实与幻想的冲突，过去这几年，你辛苦了。"我的这句话给了 I 巨大的肯定，极大地缓解了她的愧疚感。她的泪水像内心深处的河水涌了出来，倔强的 I 女士不见了，一个小女孩从黑夜中走了出来。

是的，在我做心理咨询工作的十几年间，类似以上的场景有过很多。有时我们在交谈，周围的声音都消失了；有时我们会对视，没有设防与杂念的心灵对视；有时我们会沉默，那种或宁静或热烈的沉默，但绝不会有尴尬、别扭和赌气，更不会想用语言去破坏它……我们就这样分享细微的情绪并沉浸其中，共同体验一次又一次瞬间升起的情感，再共同经历它们的弱化、消散、退场、沉默。这就是深度共情的能力，一种允许依恋发生、允许情感相互浸染的能力。总体而言，就是我遇见了对方的内在小孩，这让他也遇见了自己的内在小孩。

第三节　融合体验

当你与自己的内在小孩深度相遇时，究竟有怎样的体验？我把这种体验称为**"融合体验"**。我按照情感浮现的先后顺序来描述这种体验。

一旦深度联结到内在小孩，就会有情感浮现。也许刚开始没那么强烈，但随着遇见越来越深，情感毛孔会被层层打开，就像把石子扔到湖中心，水面泛起圈圈涟漪，一圈一圈扩展直至恢复平静。这情感涟漪是不能自我抑制的、是自然不加掩饰的。

最开始出现的是**委屈与心疼**，这是标志性情感。心中会自然涌上类似这样的旁白："我真是受苦了呢""真是委屈我了"。像孩子经受了很多磨难，熬过了很多心酸，有点对不起他，忍不住会心疼他，就像在说"唉，让我家宝贝受委屈了"，还多少带点亏欠感，有种"都怪妈妈不好，没保护好你"的味道，语气充满了温柔与慈爱。

接下来的情感是**深度悲伤**，这不是一般的难过，是悲从中来。会伴有无力、无助感，是一种不能改变、命中注定、难以逃脱的悲凉，一种深刻的孤独。许多时候，这种悲凉和孤独会持续一整天，甚至好几天。

融合体验让我们不再试图分辨哪个是内在小孩，哪个是自己——你就是这个孩子，这个孩子就是你，你们合二为一。若用语言表达，不再说"我感到你很难过""我觉得他很委屈""我想抱抱她",而是说"我很难过""我很伤心""我很委屈""我想被人抱"……此刻,理性思维没有了,只剩情感情绪以及身体反应。你真切体验到了他的情感,此刻几乎不能做什么,不能自我安慰,也无法做内在父母,因为此刻你就是他!

融合体验往往伴随着哭泣,这种哭是不设防的,是一种**"孩子般的哭泣"**,是人们常说的"你看那人哭得像个孩子"。不在意哭相多难看,也不在意行为多可笑,比如会涕泪横流、号啕大哭、边哭边笑,也许还会乱踢乱舞,像婴儿在床上打滚。还有一种哭像被妈妈抱在怀里哭,声音不大,抽泣、哽咽,或无声,但会明显带着委屈,时断时续,像被冤枉了很久才见到了妈妈,有种"你怎么才来呀"的感觉。其中包含某种抱怨、嗔怪,但绝不是责怪,而是一种撒娇式的幸福、一种终于到家了的感受。

接下来,会有种"瘫"下来的疲惫,这让你感到新奇,**因为他的疲惫让你感到了疲惫!** 由此可见,**融合体验其实是一种深度放松。**身体被清空了,不再僵硬、不再坚挺、不再习惯性地防备,而是彻底放松。

再接下来会有种**真切感**,会看到天更蓝、树更绿、花更香、风更凉、声音更脆——你的五官打开了,好像第一次看见这个世界。这是因为与内在小孩的融合体验洗空了负面能量与不良情绪。有时还会伴有某种羞涩、不好意思,对刚才的自己哑然失笑或惊讶,但并不自责。

最后,也许会有愤怒与怨恨,一旦出现这样的情感,基本就已离开了融合体验，走到了外部，表现出对一个人或这个世界的不满或攻击。但更多时候的融合体验，是一种被疗愈过后的**宁静与松弛**，会更专注于当下。

以上与内在小孩的融合体验，我本人经历过多次。即便如此，也必须承认，文字的局限性使我无法完全描述出那些复杂美好又瞬息万变的神奇情感。另外，仅仅依靠想象与练习也很难涌现融合体验。许多来访者是在我的陪伴下涌现融合体验的，而我本人有时是在体验师的陪伴下涌现的，有时是伴随深刻的梦境出现的，有时是在深度冥想时出现的，有时是深夜在大海边浮现的，有时是在亲密关系巨变时出现的……因此，我认为这样的绝美体验是有激发条件的，这个条件就是：**觉知 + 关系 + 氛围**。

无论如何，你一旦拥有了融合体验就不要轻易放过，毕竟很多人一生也没有拥有过。我的建议是：**尽可能延长、拓展这体验，不停地说、不停地写，说给他人、写给他人、说给自己、写给自己——让这体验延续、再延续。**

第十四章

心灵书写

第一节　自由书写

　　本章分享一个疗愈内在小孩的好方法——**心灵书写。包括自由书写、主题书写、引导语书写。**

　　这个方法我一直在用，我的很多来访者也一直在用。我还专门写了一本书，名字就叫《心灵书写：让写作通往疗愈》。特别对于文字比较敏感的人、喜欢写东西的人而言，心灵书写会让内在小孩获得意想不到的疗愈体验。

　　事实上，很多时候你也在用这个方法，只是不知道这就是心灵书写，或者并不是很确定它的疗愈价值。有学龄前孩子的父母都知道，孩子一直在心灵书写。比如孩子们最爱的游戏之一就是"乱涂乱画"，著名的心理学家温尼科特很看重这种涂鸦，很多孩子的心理问题就是依靠乱涂乱画疗愈的。我之前做过两年的儿童游戏心理治疗，有一半的孩子也是通过写写画画来疗愈的。

　　小孩子并不在意书写姿势、书写工具、书写地点，更不在意书写内容。他们会用粉笔、铅笔、钢笔、彩笔，也会用石块、砖头、手指、树枝、硬纸片，他们会蘸水、蘸墨、蘸颜料、蘸泥巴、蘸番茄酱，他们会在纸上、黑板或白板上、墙壁上、地板上、衣服上、电视上乱涂乱画。他们才不在乎什么规则呢！记得我女儿小时候趁我睡觉时给我涂满了后背，有个小朋友把他们家白色的狗狗涂成了斑点狗，还有个孩子用鼻血画了一颗星星！这个时候他们无比开心、兴奋，嘎嘎大笑，直到大人要求他们必须洗手，必须用彩笔，必须涂在画板上，必须腰板挺直坐好，或者在墙壁上贴上塑料板。这个时候心灵书写就已经变味了，不再是小孩子肆无忌惮、充满想象力的涂鸦，孩子发展出了功能自我，开始按照大人的喜好来做自己，**他已不是完全的自己！**

伟大的艺术作品可能没有清晰的内容，比如凡·高的画、荣格的曼陀罗，但总打动人心，因为那些画不是给大脑看的，而是来自心灵深处，来自内在小孩最真实的模样，也因此才会直击心灵，成为不朽的经典。伟大的小说也是如此，在心灵完全打开时，小说家是无法控制手中的笔的，很多小说角色像是有了自己的生命，不再受小说家掌控。

有写日记习惯的人可能会有这样的经验：日记本上总会有几处纸张被划破，语句不通，或是被涂黑画圈。这些时刻常常是在心灵书写，因为在那一刻情绪不再受大脑控制，完全释放在了日记本上。有时你会特别讨厌日记本上的横隔线，觉得它们除了限定一无是处！只不过很快大脑的评判功能就会恢复，开始对书写进行否定，你甚至还会把写过的划掉、撕掉，甚至烧掉，以此来打击刚才失控的自己——其实被打击的才是最真实的你，才是内在小孩真实的模样。**这就是心灵书写的本质：打破规则，让内在小孩奔涌而出，就像个顽皮的孩子在胡乱书写！因此，我也称之为自由书写。**

你要再次变回一个孩子去自由书写！生活中有那么多规则是你无力打破的，难道连你的文字也要遵循规则吗？去吧！**让你的文字完全**

听从内心，去做它自己！ 找个厚实的本子，大小随意，不要有田字格或横线之类，什么颜色都行，觉得舒服就行。用不易折断的笔，因为情绪激动时笔是会折断的！你要做的就是不要停下手中的笔，不要试图控制，一直写一直写！不停写是为了让你来不及思考，来不及评价，让你越过评判者走到心灵深处。

只管写下去就好，别去管标点符号、逻辑性、结构性、观赏性，也别管错别字、字体大小、写得很丑等，**只需要不停往下写**。哪怕思想停顿，手也别停，你可以重复写"我不知道"，或"你"，或"可笑"，或"点"……直到能写下另外的字。事实上写不下去的时候不多，因为取消了所有控制，你的文字会像刹车失灵的越野车，在无边的草原上奔驰、撒野、横冲直撞，油门踩到底都没问题。你会在里面找到想要的答案，所有的字都在带你去往同一个地点，那个地点叫"内在小孩"。那里有你复杂的念头和感受，也会有你最深的情愫。那都是内在小孩对你的召唤！当写了一张又一张，写了一本又一本，你会发现内心变得不一样了，至于变成了什么样，只有亲自去体会。

如果能有个单独的房间，里面除了笔墨纸砚什么都没有，那是最好不过了！在那里把房门锁上，尽情书写，挥毫泼墨，你可以跳着写、躺着画，也可以一边画一边撕掉画，也可以大声歌唱、随意舞动、在墙上胡乱涂写，甚至可以脱光衣服，把颜料涂满全身！请记住，此刻你就是内在小孩，三岁或五岁！等一个钟头后走出房门时再变成一个文质彬彬、懂礼貌的大人吧。

心灵书写的疗愈价值有很多：会宣泄情绪、释放压力与攻击；会书写出另一个更自由的空间；会令你更专注于当下，除了写写画画什么都做不了，心思完全投入此时此刻；当书写一段时间后，你会发现大脑更清晰，会更明白真正想要什么，这是因为清除了那些压抑的情绪杂质之后，变得更轻松自由了；而且就好像看见了另一个自己，有了情感回应与寄托、有了确认感和掌控感、有了第三视角的觉知，可以复盘整理思绪、可以与内在小孩对话……心灵书写的好处还有很多，唯有不断练习才能体验到！

第二节　主题书写

也许刚开始你还做不到自由书写，但是没关系，你可以限定时间，比如写 5 分钟、10 分钟。可以写一张纸、半张纸，可以试着从写日记开始。

可以试着进行"**主题书写**"，这样会上手更快一些。书写主题有很多，最常见的就是写信，比如，给内在小孩写封信，给 6 岁的自己写封信，给 10 年后的自己写封信，给 30 年前的父母写封信，给逝去的亲人写封信，给孩子写封信，给初恋对象写封信……这也容易提升心灵书写的动力。

【书写故事一：给 30 年后的自己的一封信 】

亲爱的自己：

你好！我是 30 年前的你，还记得我吗？虽然不能在现实中见面，但我们还是隔空拥抱一下吧，咱俩都要好好的！

亲爱的自己，此刻的你正在做什么呢？是在读书吗？退休之后有了更多属于自己的时间，你终于可以随心所欲地在书海里游弋了，这样的感觉一定算得上酣畅淋漓吧？现在的我好羡慕那时候的你！

或者，你正在外地旅游？拉萨、大理……无论身在何处，你一定领略到了祖国大好河山的美丽，也一定感受到了全国各族人民的善意，我猜得没错吧？噢，对了，当了姥姥的你一定开始享受天伦之乐了吧？可爱的小外孙是不是像极了贝儿小时候，聪明、勇敢又淘气？真为你高兴，我最亲爱的自己！

亲爱的自己，你的身体挺好吧？或许你已经满头白发了，也一定有了更多的皱纹爬到了脸上，是吗？这都没关系，别让皱纹刻在心里就好了！我相信你一定在坚持锻炼身体，毕竟，在这仅有一回的生命历程中，唯有健康的自己是陪伴你最长时间的人。无论是什么，如果与生命安全和身体健康起了冲突，那就可以果断地放弃，毫不犹豫！

亲爱的自己，你可曾通过不懈的努力步入了心理咨询师阵营呢？我相信，你一定能更好地处理自己的情绪了吧？也一定能让全家人以及身边的朋友们因为你而懂得了不悔过去、不忧将来、享受当下了吧？能笃定地做自己喜欢的事情，这就是最了不起的自己，真为你骄傲！

亲爱的自己，你是否还在坚持每天录一个故事给小朋友们听呢？想来，从2016年8月1日开始，你每天录一个故事，通过微信、微博等媒体分享出去，就算外出培训、旅游都没有中断过。

同一个精灵，已经从阿姨变为奶奶了呢，这样的一份坚持陪你走过了30多年，确实值得我为你手动点赞至少100次！来，让我给你一个大大的拥抱！我真的好爱你！亲爱的自己，你是不是还会经常和闺密、好友小聚？还是喜欢一起喝咖啡、看电影吗？每天坚持学习英语是否已经让你不需要字幕就能很好地享受英文电影了呢？步入老年的你一定要好好珍惜每一次和朋友们见面的机会，毕竟下辈子能否再见还是一个大大的谜。

亲爱的自己，每天读书、每周读一本书的习惯你还在坚持着，对吗？还记得《一切都是最好的安排》那本书吗？这一生所有的遇见都是美好的，心怀感恩又步履坚定地前行，就不会白活一辈子！亲爱的自己，今天是我们的结婚纪念日，老公答应陪我一起去看最新上映的电影，他在楼下等了好半天了呢，我就先不和你聊了，等我看完电影再分享给你，乖乖等我哦。

亲爱的自己，谢谢你一直陪着我，我爱你！

你最亲爱的自己

事实上，前面很多练习用到了主题写作。为什么要写下来？写过日记的人都很清楚，因为很多时候我们无处倾诉或者羞于启齿，而写下来的感觉代表"确认"，好像看见了自己的思想和情绪，看见了另一个你，**写下来的过程本身就是觉知的一部分——你遇见了自己的内在小孩！**

其他主题也有很多，比如，亲子主题、婚姻主题、愤怒主题、梦的主题、情绪主题、幻想主题、旅行主题、工作主题、身体主题、冥想主题等。下面是我在工作室楼下公园的一次"冥想＋聆听"，而后我把它书写了下来。

【书写故事二：丁香树下的聆听】

我就站在这儿，右边的脸朝着太阳，我闭上双眼，想用耳朵和心感受这世界。先试着观察呼吸，就像跳出了自己的身体，变成小飞虫那么大，停留在人中位置，感受着气流，自然地吸入肺中，再自然地从鼻孔中呼出。吸进去的时候，有些凉，那感觉真好，分明带着玉兰花的味道。呼出时是暖暖的，顿时融入空气，变成它们的一部分，再次吸入、呼出，我就在空气中，我和空气在一起，互相欣赏。

我任由耳朵听见所有声音，一开始声音都是复杂、混乱、交织着的，像煮沸的粥，后来逐渐清晰，能听见单一的声音，其他声音则不得不变作背景。耳朵最先听到的是一首舞曲。在这样的清晨，强劲有力，节奏鲜明，适合跳舞。我想远离"咚咚咚"的快节奏，我应该听点别的什么。一声清脆的鸟鸣在诸多声音中脱颖而出，或许那是只喜鹊，春天就在它的叫声里，刚才的广场舞伴奏一下子安静下来，让位于喜鹊的叫声。那声鸣叫就像序曲，接着，我听到了各种不同的鸣叫，或长或短，此起彼伏，有的只是两声"吱吱"，有的宛转悠扬。

我又让鸟鸣声飘远。身后传来了"嘿哈"声，抑扬顿挫，听起来是位老者在练功，中气十足，我分明感到那股气息就在我旁边。此时，几声京腔在耳边响起，仿佛《铡美案》里的秦香莲哀怨的眼神从丁香树下闪过。紧接着，路人依次经过，婆婆娑娑的脚步声此起彼伏，与收音机里的秦香莲唱和。

我的眼睛有些发热，被一大片橙红色的光晕充满，阳光洒落，那些光晕环绕着整个大地，地球至少有一半被橙红色包围，我仿佛看见了海水被映红的样子。

也许过了好久吧，我低下头，慢慢张开双眼，看见了脚下的百日草，以及上面的泥土和露珠。我抬头，目光越过草坪和公园，看见了正在鸣笛的汽车和交通警察。

第三节　引导语书写

比主题书写更容易上手的是**引导语书写**。比如：我讨厌、我喜欢、我想、我不愿意、我好傻、我真棒、我记得、我真正想说的是——这些以**"我"**开头的引导语很好用。再比如：我的内在小孩是……；小时候我是一个……的小孩；小时候印象最深的一件事是……；那种熟悉的味道；最难忘的一次聚会；最难忘的一次旅行；如果回到那一天……；我的第一次……；我的最后一次……；最让我羞耻的一件事等。这样的引导语有很多，你完全可以自己发明。下面是部分学员的引导语书写——《第一次与最后一次》，十分感人。

【学员书写故事：第一次与最后一次】

学员 S：第一次见他是在大学一年级，我去食堂打饭，他就那么跑过来，塞给我一张纸条，上面写着"我喜欢你"。顿时，我头皮发麻，心脏就快要跳出来了，我甚至都没看清楚他的样子，只记得他满头大汗，抱个足球。我忘了是怎样打饭、吃饭的，把那张纸条都快攥出汗水了。我的脸很烫，用力把那张纸条压在枕头底下，生怕那四个字从里面飞出来……就这样，我们相爱了。

学员 T：母亲已经病倒三年了，最后癌细胞扩散到了全身。那天下午，在大门口我就听见了姐姐的哭声，我一进门，看见了母亲，她紧闭双眼，脸像一张白纸，整个身体几乎没有了，像床单一样铺在床上，我忘了哭没哭……那是我最后一次看见妈妈。

学员U：我有个好朋友叫杏，我们一起上学、放学，她性格活泼开朗，经常逗我开心，和她在一起真是快乐，什么不高兴的事到她那都会烟消云散。那天下午，我们像往常一样放学回家，临别时她还送了我一把野花，有白的、黄的，很有生命力，有泥土的香味儿。没想到，那却是我和杏最后一次见面。第二天早上，她没有像往常一样来找我，中午我就得到了一个噩耗，她上午去看住院的奶奶，路上出了车祸，她死了……

学员V：我生命中有很多的第一次记忆犹新。我10岁那年爸爸答应带我去潜水，那天天气特别好，在教练的陪同下我沉到了水中，看见了好多美丽的鱼儿和珊瑚，我真不想上岸，也想变成一条海里的鱼，我愿意是那种红色和黑色相间的鱼，觉得它们好惊艳呀！

学员H：印象最深的是生宝宝的时候，我记得在产房待了大概3个钟头吧，我真虚脱了，那个过程我一辈子都忘不了，也不想再有任何相似的体验，死的心都有了，奇怪的是，当护士把宝宝抱给我看的时候，我突然哭了，忘记了刚刚那一切，觉得死了也值……

学员W：我生命中最惨烈的第一次就是被分管领导和经销商联手陷害那一次。当时我只觉得血往上涌，大脑一片空白，浑身颤抖，不知怎的，我疯了似的跑到附近学校操场，在那里不要命地跑啊，跑啊，直到虚脱，几乎晕倒在了跑道上……那段时间我几乎绝望了，我病倒了。

与内在小孩相互通信

写信是一种古老的书写疗愈方法。"鸿雁传书""家书抵万金""见字如晤",美好的信件承载着人们复杂的情感,有思念、有期待、有希望、有等待、有激动、有欣慰……如今数字时代,想念一个人就可以视频通话、翻看朋友圈、发短消息,这些随时随地能得到的"见面"再也没有了那种细腻、忧伤、甜蜜、期待的体验。那种"红豆生南国,春来发几枝"的情愫早已远去,思念这种情感也正在消失。

我鼓励写信,并且鼓励用信纸、钢笔,郑重其事、慢慢地去写一封信。一行禅师就特别注重写信,比如他在鼓励给想要和解的人写信时,说道:"写信是一项非常重要的修习。即使我们已经有了最好的意愿,如果修习不够稳固,可能会在说话的时候变得急躁,回应的时候不够技巧,结果破坏了当时和解的机会。相比之下,写信更加安全、容易。在信中,我们可以绝对诚实。我们可以告诉对方,他做了一些事情伤害了我们,令我们痛苦。我们可以写下内心的所有感受。写信的时候,我们修习平静,用平和慈爱的语言,尝试建立对话。"

借此机会,我最想建议的就是**给内在小孩写封信**。如果有感觉,那就坚持与内在小孩互相通信,这是最生动、最淳朴的心灵书写。

【练习:与内在小孩相互通信】

拿出内在小孩替代物,呼唤他的昵称,询问他今天或最近有没有什么话想对你说,然后把自己想象成内在小孩,让他给真实的你写封信。安静地读这封信,凝视每一个句子,在字里行间感受内在小孩的感受，然后给他回一封信。就这样，可以依据感觉来回写信、回信。记住，每次翻信、读信时角色互换。角色互换最重要的是感受的转变。这并不容易，可根据实际情况练习书写。如果能养成习惯就再好不过了，这样的通信会慢慢增加与内在小孩的联结与和解。最好使用信纸、信封，郑重其事写上你的名字和内在小孩的名字——这本身就是一种书写仪式。

第四节　慢走、慢写、慢生活

慢走 10 分钟、慢写 10 分钟，就这么简单。慢走有多慢？平常走路速度的 1/4 吧，你还可以更慢，可以和家人搞个比赛，看看谁走得慢，但不能停，这一定很有趣，孩子也会喜欢。

慢走的时候，小臂自然弯曲，两手平伸与腰齐，上身挺直，缓慢地移动左右脚，同时双手随着摆动，人们已经习惯了自动化反应，从学会走路那天开始人就被教导着"快点走，快点走"，所以刚开始会觉得别扭，但要知道生活原本就应该是这样的。

所有的体验都在里面，这个时候你很真切地感受到脚掌是如何离开地面，脚跟又是如何接触地面的，当左脚抬起时，右脚感受到重力变化，膝盖弯曲，双手和风融在一起。环顾四周，世界慢下来了，也变得更真实了。你从未注意到身体是如此轻盈、内心是如此柔软、周围的一切是如此可爱。

慢走 10 分钟后，心安静了，好像追逐的欲望离你很远，或者它们和你本就那么远，是你强行拉近了。这时拿出纸笔，开始慢写。还记得小学一年级老师是如何教你写字的吗？是的，就那样，全身心集中在点横撇捺之间，你会发现你的眼睛、手、笔、笔尖吐出来的墨水是一体的，每一横一竖从哪里开始又到哪里结束，都如此清晰可见。你看见自己是如何把它们创造出来的——一个字、一个词、一句话、一篇文，它们像是你的孩子，充满了生命力，沉静、从容。

慢写的速度有多慢？和走路一样，是平常速度的 1/4，刚开始也可能会比较急躁，也会觉得没什么意义，可做什么有意义呢？当心思没有在当下，就算是飞奔至月球也没有意义，当心思全然在这一刻的当下，月球就在你指尖，这并不神奇，只需要去体验。

生活中到处都是美，是我们失去了发现美的眼睛和心情。生活就像被编辑好的程序，走的路、说的话、做的事、吃的饭、睡的觉都像被计划好的线路。当一个事物浮现的时候，你立刻知道下一步该怎么做，而并不会注意到每个瞬间内心的情绪和感觉，这就是习惯。而慢下来写字会让你找到生活的美感，和慢走结合，会发生奇妙的作用。

每天慢写 20 分钟，也可以 10 分钟、5 分钟，这会让你开始留意身边的每件事物，会让走神的心得以回归。刚开始慢写可以临摹或抄写。看着其中的字，与它们建立感情，开始一笔一画地模仿，一遍又一遍……这会让你慢下来，会让你紧绷的身体得到放松，心也柔软了。

书写是接收，接收来自空间的能量，会让人有力量，让人感恩自身的存在。当把书写视作心中的净土，它们就会变得神圣，你绝不会潦草地对付它们，而是心怀感恩地与它们在一起，珍爱自己的每个念头。

◆ 第十五章

穿越时空来爱你

第一节　训练"第三视角"

在疗愈内在小孩的方法中，有一种可与心灵书写相媲美，我给它取了一个很诗意的名字：**穿越时空来爱你**。这个"你"指的是不同生命阶段的内在小孩。穿越时空是一种象征，代表通过三种方式与生命各阶段的内在小孩产生联结，这三种方式分别是：**回忆、实践、角色模拟**。而爱就是疗愈。

这种方法的前提要先培养"第三视角"：**跳出自己看自己、跳出感受反观感受**。比如你正在和孩子互动，你看孩子是第一视角，孩子看你是第二视角，而想象一个更高纬度的你，如同在半空俯视你与孩子两个人的一举一动、一颦一笑，这就是"第三视角"。如果还能够感受到你和孩子的情绪感受以及对彼此的影响，那么我称之为"带有觉知的第三视角"。

例如，当心理咨询师说"你怎么看这事情？""此刻感受如何？""怎么看待你们的谈话？"等引导语时，都是在暗示来访者以第三视角看待自己与关系，这会大大增强来访者的觉知力。以此类推，你与万物都可以发展出第三视角，并且，这是可以训练的。

第一种训练：记录自己

记录自己是提升第三视角最简单的训练。每次 10 分钟左右即可，记录刚过去的或昨天的"那个自己"。刚开始训练时，不要过多记录情绪，只是"白描"，记录自己的动作、语言、表情、行为、环境，不带评判、原原本本、不加修饰地记下来。过多情绪评价会妨碍锻炼"第三视角"的客观性。

记录时不要用第一人称"我"，而是用第三人称，比如你的名字或你内在小孩的昵称，就像在描写另一个人。尽量不要放过细节，因为潜意识非常狡猾，在向他人陈述自己时，会自然巧妙地绕开不舒适的部分。

【丹丹记录自己】

丹丹坐在梳妆台前，看着镜子里的自己，头发被随意地扎了起来，左右两边散落着一些碎发，阳光穿过玻璃照在头发上，越发看得出头发被染成的栗棕色。今天她穿了件蓝白相间的横条纹外套，能够清楚地看到领子拼接处的线头。她双手触碰着桌上的黑色键盘，随之敲出一行行黑色的楷体字。她歪了歪头，为了方便看清电脑屏幕。右手轻触着鼠标，左手随意地搭在印着企鹅图案的黑色裤子上。双脚穿着拖鞋，用脚尖抵着拖鞋，翘起后脚跟。她低下头时，正好看到了木纹色的地板。

记录自己会有确定感，好像不可控的部分变可控了。这个训练只要坚持十几天就会有各种领悟。一个高中女孩练习几周后对我说："老师，我突然觉得心里好敞亮。"

第二种训练：记录他人

记录他人不仅能训练第三视角，也是探索关系、疗愈关系的好方法。很多人天天见面却从未遇见，他们只是通过忙事情、随意交谈、聊别人、谈八卦、玩手机等在一起。

记录他人时不用告诉对方，只需静悄悄、认真、投入地观察他即可。一开始可以观察2分钟、5分钟，以后慢慢增加时间。观察完毕记录时同样不要用对他的称谓（比如妈妈、老公、儿子等），只称呼他的名字。觉知其中所有情绪与情感的涌现与流动。

很多学员这样记录观察后，不同程度地受到了震撼和启发，改善了亲密关系。比如一位母亲正在为13岁的儿子犯愁，觉得他叛逆、厌学、顶撞父母。她仅仅记录了一次对儿子的观察就泣不成声，涌上了内疚、难过、心疼等感受。这位母亲称她看到了李某某这个人本身，而不是看到了她的儿子。下面是她的记录。

【记录李晓跃（化名）的3分钟】

我推开李晓跃的房门，想给他送点切好的苹果，顺便看看他在干什么。当我推门进去时发现他睡着了，我刚要叫醒他，想起了冰老师的话。于是，我决定观察"这个人"：李晓跃鞋子没脱，眼镜没摘，穿着校服躺在床上，有一条腿耷拉在床沿，左手拿着没合上的数学练习册，右手枕在脑袋下，灯光很亮，照在李晓跃乌黑直竖的头发上，他的鼻尖微微有汗，嘴唇紧闭，两腮时不时抖一下，嘴里还念念有词，我听不太清，好像是什么英语单词。我看着李晓跃疲惫的脸，想起了他小时候。我拿着果盘的手颤抖了一下，我注意到自己的眼泪在眼眶里打转。"不行，我要出去，待不下去了。"我心想。于是我放下果盘，刚要出去，又转过身，想去给李晓跃盖个被子。等我给他盖上被子走出门时，泪水夺眶而出。

而另外一名学员 R 女士这样记录了她 71 岁的母亲。

【记录刘素秀（化名）的 5 分钟】

我和孩子去刘素秀家吃饭，她刚好坐在我对面，她并没吃饭，而是一会儿起身去拿水果，一会儿起身去拿我女儿爱吃的点心，一会儿又往我碗里夹菜。然后开始不停说话，刘素秀还是老生常谈，老家谁又结婚了，谁又去世了，谁家孩子又赚了多少钱，谁家孩子有多孝顺。然后开始讲自己多么不容易，把我们三姐妹从小拉扯大吃了多少苦，我们那个可恶的父亲又是怎么虐待她的……曾经我总会不耐烦地打断她，还会冲她发脾气。但今天没有，因为我想进行内在小孩课程"观察他人"的练习。于是我一边吃饭一边时不时瞄一眼刘素秀。她的嘴巴不停地一张一合，时不时拿手帕擦一下嘴角，有时用筷子戳几下盘里的菜，但并没有夹起来。她的眼睛有点浑浊。刘素秀的头发掉了不少，稀稀疏疏的，此刻她还是穿着几年前我给她买的睡衣，本来有点碎花，现在洗得好像没了图案。这时，刘素秀好像看见了什么，探着头问"妮子你咋了，快点吃呀，都凉了"，我惊了一下，谎称去厕所，很奇怪，居然好想哭。

R女士后来告诉我，在回自己家写下来的时候她大哭了一场，想起了很多小时候的事情，想起了有一次母亲为了保护妹妹被邻居打破了头，想起了母亲瞒着父亲偷偷塞给自己3块钱，想起了父母吵架的无数个夜晚，想起了自己曾如何发誓要离开这个破家……R女士说，她已经很多年没这样看过自己的母亲了，以前总认为母亲对她是"牺牲型养育"，把所有负面情绪一股脑给了自己，完全是在剥削自己、操纵自己。而自从那天以后，R女士的怨恨少了许多，但暂时不敢去记录母亲了，担心情绪失控。她现在正试着记录几个朋友与同事。

第三种训练：记录互动

记录关系互动相对来说会稍微难一点，但会触发更全面的觉知力。比如，我们和他人有过一次争吵，回头思考时是非常碎片化的，并不完整。潜意识会自动逃避某些不堪的细节，试图赶紧跳到下一个片段。而写下来会促使回忆连贯，相对完整。长期练习记录和某个人的互动，会慢慢找到你在这段关系中的位置和模式。

其实，上面谈到的R女士对她母亲，以及那位母亲对儿子的记录，也不仅是记录他人，也记录了两个人的互动，只是没有那么明显。记录他人的那一刻，就是在内心和那个人**"深度互动"**。

【一位学员记录的互动】

爸爸妈妈去外地打工，小 A 住在姥姥家，姥姥的身体不好，经常在床上躺着，小 A 就去邻居家、同学家蹭饭。有一天，邻居家的哥哥向小 A 扔过来一块骨头，说："吃吧吃吧，你就像我们家养的一条小狗，吃完赶紧走吧。"小 A 大哭了一场，从此再也没有去过他们家。从那时候开始，小 A 常常去村口的老榆树下等着爸爸妈妈回来，一等就是几个钟头，可总也等不到他们。

在这位学员描述的互动中，那种寄人篱下、被嫌弃、无依无靠的情景，那种愤怒和委屈，都不经意间流露了出来，这就是小 A 的内在小孩形成的雏形。

训练第三视角不但可以看自己、看他人、看互动，也可以看宇宙万物。因此，当然就可以用第三视角去觉知每个生命阶段的内在小孩！人们要从世界之外看世界，**从关系之外看关系，从自我之外看自我**，看内在小孩也是如此。唯有如此，才会不被限定。

第二节　英雄之旅

用第三视角看不同生命阶段的自己，我称之为"**英雄之旅**"。疗愈内在小孩，必须与过去的自己和解。穿越时空与内在小孩的相遇是一种仪式，这种仪式可以通过三种方式实现：回忆生命轨迹、故地重游、角色扮演。

第一种：借助回忆

记不得从何时起我养成了某种习惯，就算没有任何不适，我也喜欢细致地回忆过去，即通过回忆细细审视自己的生命轨迹、生命故事。慢慢地回忆，内心变得越来越饱满，越来越深刻。好像虽然我的身体依旧在此地，心灵却飞到了过去的某个时刻，遇见了我自己，这个"自己"就是不同生命阶段的"内在小孩"。

回忆可以按照年龄阶段进行，比如学龄前、青春期、青年期、中年期等；也可以跟随内心意愿进行，比如我的回忆总会分为学心理学之前和学心理学之后。这样的回忆有很多，比如婚前婚后、孩子出生前后、某人去世前后、换工作前后、离婚前后、搬家前后、辞职前后等。回忆中往往有生命中的"大事件"。下面是一位学员对求学阶段的回忆，她把这些记了下来。当然也可以不用写下来，可以只是回忆，让自己沉浸其中。

【Vera 的回忆】

幼年的我

32 年前，我在闷热、充斥着秋蝉鸣叫的 9 月诞生了。父母都是 40 多岁才结婚，初为人父母，视我若掌上明珠。我小时候总被舅妈嘲讽没用，而我妈是个老好人，从来不敢反驳，只会附和着说："是啊，我们这孩子太老实，没用。"所以，童年的我木讷胆小、羞涩敏感，显得不如其他孩子机灵聪明。而且幼儿园的老师非常凶，让我更加自卑胆怯。

但在灰暗的童年里，有一束很亮的光，那就是我爸爸。他对我百般呵护，总是毫不迟疑地表达对我的爱，经常会说："你是我的心肝儿！别人好不好关我什么事？你好才最重要。"或者说："你多漂亮呀，樱桃小口，黑亮的头发，我女儿最漂亮。"他经常陪我疯玩各种游戏，我再任性，他也宠我、包容我，到现在我还记得小时候一家三口睡在一张床上，睡在爸爸身边，说说笑笑渐渐睡着时心里那种安全感、满足感。

初中的我

上初中时，我进了一所公认的差中学。在那里，我跟一个好朋友倔强地对抗着班级里的不良风气。

我变得浑身带刺，被惹到就会破口大骂、脏话连篇，甚至会动手。那个欺负人的同学也拿我没办法，只能搞些小动作，背着我偷偷扔我的书，踩我的椅子（好幼稚）……

高中的我

熬过了混乱的初中，迎来了明亮的高中。高中是我学生生涯中最开心的时光，同学的素质明显高了，在那里我终于可以收起浑身的刺，心情舒畅地读书了。在那里，我有了一群好玩的朋友，我在群体里算比较活跃的，因为我说话幽默，大家都很喜欢我。现在回头想想，那真是一段青葱岁月啊，充斥着小女生之间热气腾腾的小心思，还有没心没肺的笑声。

大学的我

我高考失利，考进了一所三流大专学校，物流专业。那是我妈帮我填的志愿，当时我也不知道自己适合什么、想干什么，就这样稀里糊涂地进了那所学校。那所学校的一大半学生是从中专技校考上来的，素质只能用"差"来形容。所以，我整个大学期间没什么朋友，后来大二交了一个朋友，还是为了不要落单没办法硬凑的。我看不起他们，真的，那里的男生没一个我能看得上眼的，没本事，就会耍帅，女生也是天天玩心计，或者谈着凑合的恋爱。那种生活是残酷的、无趣的。

还有一种回忆是**"主题回忆"**。比如"亲子关系主题"，你的回忆只围绕孩子，从他出生到现在，依据这条线展开联想与反思，会发现很多不曾觉察的东西，会引发诸多情绪情感。还会涉及围绕孩子的其他关系，如夫妻关系、婆媳关系、与父母的关系等。同样，与父母的关系、婚姻关系、同学关系都可以作为回忆主题，可以用专门的时间和精力来 360 度无死角地凝视、聚焦、联想、思考。

再比如"从你生命中离开的人"这个主题，的确有一些人在我们生命中来了又走，有的来不及告别，有的因为冲动误会分开，有的因为无奈妥协分手，有的已离开人世……无论什么原因离开，这个人曾在你生命中停留过，甚至很久、很亲密。记住，**每次未经告别的离开都是一种丧失的创伤**，都会让心思部分留在过去，即便多年以后想起来依旧唏嘘不已！要特别聚焦这样的回忆细节：在一起的点点滴滴，以及分开的各种感悟。

主题回忆有很多，比如："生命中的贵人""伤害你的人""感恩的人""你的主要成就""你的重要挫败""早年的父母""孤独的时刻""难忘的童年""迷失的欲望""懊恼羞耻的事件"……它们都是内在小孩的珍宝，要时不时拿出来擦拭一下。

刚开始练习回忆时，可能不会聚焦，都是些模糊的、不连贯的片段。这很正常，随着不断练习，回忆会变得清晰，变得具有某种逻辑性，会聚焦于某个点、某几个点。你开始由浅入深地回忆事件、细节、当时的情绪和感受。其中，最让人难以持续回忆的是感受，不是某个人离开了你这件事，而是"分离的感觉"。若你能在某个点上同时体验这四种要素，回忆就会变得清晰可见，变得饱满复杂，犹如再次经历了一遍，栩栩如生！幸运的话还会有前文提到的"与内在小孩的融合体验"。这是把不可控变为可控的心灵之旅，任何回忆都是现在的你去靠近当年的你，具有极大的疗愈价值！在体验当年的情绪时，也在体验此刻的感受，也在经历现在的你对过去自己的评判、分析、思考。**如果一个人不能清晰地了解他走过的路，就容易迷失在下一个路口。过去就是未来的路标。**

对于回忆，需要注意以下三点。

+ 要在安全、安静、不被打扰、熟悉的地方进行。
+ 不要刻意逼迫自己。遵循内心的节奏，一旦感觉不适就要停下来。
+ 进行深刻的回忆时最好有人陪伴。一边回忆一边说出来，情绪就变得可控，若有个信任的人认真倾听会更好。

第二种：故地重游，昨日重现

前段时间，有个朋友正在进行一场"特殊旅行"。之所以特殊，是她在母亲去世一周年的日子，去了母亲的故乡，住在了母亲住过的老房子里。她与邻里朋友互动寒暄，在那里吃饭、散步、睡觉，仔细走了一遍母亲走过的路……我知道朋友在用这样一种方式哀悼母亲的离开——这个过程是现实发生的，又是高于现实的，因为她的心正在与母亲发生联结、**正在与过去的自己联结**。换句话说，她正在联结自己的内在小孩，并体会内在小孩的诸多复杂感受，比如悲伤、委屈、思念、欣慰、孤独等。

我也经常回故乡，每次走过老房子旧址，走在月光下的青石板路上，眼前都会浮现儿时的自己，有时十分清晰，就像长大的我牵着小时候的我。下面是我几年前的一次心得记录。

【故乡】

某个上午，我带女儿爬上了故乡的一座小山，指着山下那片被收割完的、空旷的玉米地，告诉女儿，原来那里是个苹果园，我和奶奶就在这个山坡"安营扎寨"看护果园，每个夜晚都会和奶奶一起数星星。奶奶告诉我，每个人死去都会变成天上的一颗星星，守护着他的家人。女儿不作声，眼睛忽闪忽闪地听我讲过去的故事，我俩在一棵大柿子树下待了很久。多年前，这里的不远处也有几棵柿子树，奶奶常常给我烤柿子吃，很软、很甜。于是，我学着记忆中奶奶的样子，也给女儿烤了几个柿子，看女儿好奇地捧着烧焦的柿子，如同看见了当年的自己。

这个夏天雨水多，泉水从地下涌出汇集到故乡门前那条河里，河岸边的荆草得到了滋养，越发绿了。不惑之年的我在河边久久伫立，像是回到了童年。那个调皮的男孩歪着头问奶奶"我是从哪儿来的"，奶奶摸摸他的头，指着这条河笑着说："是奶奶从这捞来的。"男孩望着发黄的河水半信半疑，奶奶的手好粗糙啊，隔着头发都能感觉到。

当时我站在河边，模糊了时空，好像真的变回了那个 6 岁的男孩，那种感觉好神奇——这就是通过现实地点**激活**了与内在小孩的相遇。

事实上，很多人都在有意识地回到过去，比如清明扫墓、中秋节团圆、春节聚会、给父母过生日等。不管那时你是主动的还是被动的，往事总会浮现。还有很多人无意识地回到某个地点，比如曾经的学校、某条街道、某个城市、某间咖啡屋、某个商场等，那里承载了许多情感。有位学员告诉我，她喜欢一遍又一遍地去北方的一座城市，因为那里是她与男友相识的地方，后来他们被迫分手，而自己婚姻不幸福，就喜欢去找寻过去那份失去的美好——如同一句歌词描述的**"我吹过你吹过的风，这算不算相拥；我走过你走过的路，这算不算相逢"**。是的，任何重逢都是在与过去的自己重逢，都是在与内在小孩相遇！

第三种：借助角色扮演"模拟穿越"

许多成长工作坊都会安排类似的环节：模拟一段亲密关系、原生家庭关系、早年重大经历，让你找到一个与重要客体相似的"角色"，进行模拟互动与对话。这样的体验十分生动，疗愈也很明显。大家在用角色扮演联结自己的内在小孩。比如**"内在小孩心理剧"**，依据不同场景，大概包含导演（你本人）、内在小孩（主角）、功能自我（主角）、重要关系（各种配角）、环境道具（配角）、观察者、观众等。这样的情节设计自由度很高、开放性很强。学员依据感受参与其中，通过热身、表演、分享等环节协助主角联结内在小孩，再通过反转等情节设计疗愈内在小孩。

第三节　穿越时空爱内在小孩

每个人的早年成长经历都有无助时刻，处在这样时刻中的你完全是内在小孩的载体。彼时我们还小，人格还不成熟，我们更依赖，也更无力。

只需让自己放松安静、稍作回忆，你的脑海中就会浮现一些片段，这些片段可能是反复出现的，可能是刻骨铭心的，也可能是跳跃的。你要去聚焦这些记忆碎片，走进去，去扩展那个场景，去再现环境与人物，去还原细节。精力一旦集中，你就会遇见那个孩子，犹如穿越时光。当然，偶尔分神也没关系，可以断断续续、一帧一帧地连接，让模糊的镜头去跟随清晰的镜头。就这样在脑海中慢慢回味，在回忆里浸泡。

刚开始，你是用观众身份观看以那个孩子为主角的故事。渐渐地，这些镜头开始"复活"，变得生动逼真，一些人物的年龄、相貌、表情也清晰可辨，关系开始活跃起来。这时，你须想象自己离开观众席，变成主角之一，而且是一个**"英雄角色"**，充满了慈悲与力量。屏幕消失时，你走进了故事中。

去感受那个 5 岁的儿童或 15 岁的少年，在那样的时间节点，也许他正独自茫然四顾，也许正在默默忍受他人的伤害，也许被逼迫着做他不情愿的事，也许因害怕而号啕大哭或委屈地抹眼泪，也许在志忐等待未知的惩罚……无论如何，在他内心深处都渴望一个英雄从天而降，带他走出困境或窘境。**而你，就是这个英雄！你的出现打破了他的求而不得。**此刻你只需要伸出双手对这个孩子说"亲爱的，我来了。我是未来的你，我是来保护你的。请放心，有我在，你什么都不要怕！"。

接下来的情节任凭你这个英雄编写，你可以即刻带他逃离恐惧之地，可以痛斥欺负他的人，可以把他揽在怀里，可以给他擦干泪水，可以站在身后为他撑腰，可以给他买好吃的，可以带他兜兜转转，也可以陪他玩游戏……你一直守护他，听他倾诉，给他回应。

这个过程持续多久都行，结束标准就是你的内在小孩"破涕而笑"地与你告别。他与你约定，今后有困难你都会第一时间赶到。这个约定永不过时。也许时间只是用来度量自己不同时期的工具，一些有趣的实验证实，倘若速度足够快，超过光速，你就能见到不同时期的自己。在这个理论的假设下，5 岁的你、15 岁的你、25 岁的你、上周的你、现在的你、未来的你，是同时存在的。你可以施展"魔法"瞬间移动，去任何一个内在小孩跟前，尽管只是在想象。

不断练习穿越时空去爱内在小孩，就是练习放下执念、活在当下。痛苦来自执念，执念包括对往事无法释怀，对未来无法掌控，对外部世界无力反抗，对生存模式无法升级。它们如同虚妄的黑暗幽灵，从四面八方抓取你的心，把你聚拢的能量分散、拉扯、消耗，令人难以投入当下的真实。

第十六章

大自然疗愈

第一节　与大自然的联结

写到这部分的那几天，我刚好在大连出差，去参加一个"女性自我关爱"的沙龙，我分享的主题是"玫瑰与小女孩"。呼吁每位女性都要看见并珍爱自己的内在小女孩，无论现实中你是怎样的社会角色。

当天傍晚，我独自漫步于海滨，驻足在一片安静的海滩。心中自然升起一个意象：**拉着我内在小孩的手**，一起听海浪、看海鸥、吹海风。望着辽阔的大海与天空连在了一起，那些飘忽不定的云就像不停浮现又消失的念头，我感到了自己的渺小，我们就像海天一色中两个小小的点。我们一起敬畏这神奇的海阔天空，很多心事变得微不足道，与自然、宇宙相比，整个人类只不过是偶尔泛起的浪花。

不知不觉中，我与内在小孩融为了一体，也融进了这片海，这片海就是我们，我们就是这片海。许久后，我开始把关注点从远处转移到脚下的浪花，我蹲下身子看见浪花是如何带走流沙的，又是如何把它们送回来的。我抓起一把粗糙的流沙，感受每一粒沙子与我手掌接触的湿凉，再感受它们如何从手掌里滑落，那种凉凉的、痒痒的、婆婆的触感真叫人感动。每粒沙子都泛着银光，就像蕴藏着无限的生命。用心靠近一粒沙，就如同靠近了亿万年的时光。一粒沙、一片云、一朵浪花都会令人心生慈爱，何况人的生命呢。我又想起了世间的分分合合，人与人的纠缠与别离，写下了这首诗。

> 你看这些浪花，
>
> 来了又走，
>
> 走了又来。
>
> 走时带走流沙，
>
> 来时全数归还，
>
> 总想留住惦念。
>
> 相依相别，
>
> 纷扰纠缠。
>
> 周而复始，
>
> 年复一年。
>
> 终究，
>
> 什么也留不住，
>
> 像极了人生。

这首小诗突然来临又快速溜走，我感到孤独而宁静。每次与大自然亲密接触都会深受感染，无论是看大山大河、大风大浪，还是听风听雨听花开，只要有一颗投入的心，都会有种豁然开朗的体验——这就是大自然对内在小孩的疗愈。目前"森林疗法""自然疗法""海洋疗法"等都被纳入科学疗愈方法，在其中融进各类舞动、冥想等疗愈技术，效果事半功倍。比如，你在房间里冥想与在山谷中、大海边冥想会有截然不同的感受。

十几年前，我陷入了某种弥散的抑郁心境，那时在很多个清晨与夜晚，我都会与树、叶子、花待在一起，和它们对话，冥想深思。这极大缓解了我的抑郁，让我更理解了那个孤独忧伤的内在小孩。下面这段文字是我在工作室楼下的公园散步时的所思所想，就算在高楼林立的城市，我们也能近距离获得大自然的启迪。

【蔷薇与白皮松】

这些野生蔷薇冲击了我的心！它们稠密、繁茂、舒展。我拨开树冠，看到里面的枝干粗细不一，形态各异，互相攀附、互相支撑、互相缠绕，仿佛形成了一个与世隔绝的内部世界。有些枝干壮如手腕，很有力，但并不因为有力而独自向上，而是往左、往右、往前、往后盘旋，目的是让那些更小的、更柔软的枝丫，可以依靠在自己强壮的身体上。还有那些已经断裂的老枝丫、长满刺头的枝丫，统统可以让它们依靠。而且不是胡乱依靠，而是各自留有空隙，或大或小，好像是为了让其他伙伴有攀附的空间，也为了让阳光雨露到达这里，滋养那些更细小的、没有攀附能力的枝丫。甚至它们的刺从来都"避让"着同伴，向外生长，好让对方获得展示自己的小小舞台。我缩回手臂，悄悄与这些生命保持距离，这是我即刻从蔷薇那里学到的本领：亲密而独立。

蔷薇不远处有棵白皮松。它每一根枝干都笔直、坚硬、挺拔、独立。而树皮正在经历一次蜕变：所有的主干、支干颜色斑驳，每块树皮都不同程度卷了起来，有的微微翘起、有的撩起两端、有的即将脱落，有的已经掉在了草丛中。卷起、掉落的树皮是枯黄色、黑褐色的，而新树皮则呈灰色、白色、灰白色。整根枝干的表皮就像孩子们的拼图画，各种模块形态大小各有不同，但又严丝合缝地拼在一起，毫无破绽，令人敬畏。我用手指去剐蹭新树皮，稍一用力，灰白的表皮下便又露出了一层树皮。我的心为之一动，因为这层树皮居然是绿色的，娇嫩、新鲜、光滑，一掐就出水，也许它疼了。我不忍再剐，转手去揭那些黑褐色的老树皮，有些一碰就掉，有些弹一下才掉，还有些居然弹不掉，只能稍用力揭下来，但揭下来的地方就不是灰白色了，而是嫩绿色。此刻，我突然觉得白皮松的树皮像极了内在小孩的保护层，像极了功能自我。那些老树皮之所以自然脱落，是因为里面有了新生力量，而新树皮必须达到对树干的保护之后，老树皮才会脱落。如果强行揭掉，就会露出更深的伤疤，就会疼。树皮始终是需要的，如同功能自我始终会在，因为内在小孩始终需要保护。不同的只是新老树皮更替而已，更替的标准很简单，无非是更贴近枝干内层的与枝干更契合、更匹配。

诗人海桑写道："我们的世界并非唯一的存在，它只是万千世界中的一粒尘埃，一只蜗牛有它自己的时间，还有蚊蚋和细菌，显微镜下，它们美妙绝伦，像个公主，它们的时间是慢的。"我深有同感，也写下了很多诗句，那些诗句如同是与内在小孩的对话。

这是随处可见的小美好，就看有没有觉知美的心灵。太多时候这些体验就在日常里，在日复一日的平淡中。比如你每天都沿着同样的路线上班，可曾注意到路边的小树、小草、小花……它们如此渺小，比起整条街道、整座城市，比起你心中的大事，它们就像不存在，但如果你留心驻足观察，就会发现另一方天地。关注几棵小草，你会发现它们的绿色有很多变化，今天和明天不同，晴天和阴天时不同，俯视和平视时也不同。俯下身子，你也会闻到那种与城市格格不入的味道，那里有泥土味、阳光味、雨滴味，还有其自身的独特味道。再往下看，几只蚂蚁在爬来爬去，一些不知名的小虫子爬来爬去，而泥土总是无分别地滋润着这一切……我总会注意到它们，在心情郁闷焦虑或思考问题时，也总喜欢与它们在一起，获得安抚与灵感。想起多年前一位老师说的一句话："少与人纠缠，多靠近大自然。"

正如露易丝·海所言："大自然使我振奋，让我焕然一新。陶醉其中就会得到疗愈。当我用爱凝视着大自然时，也很容易用爱来看待自己。我是大自然的一部分。因此，我有自己独一无二的美。不管我往哪里看，都能看见美，我与生命中所有的美产生共鸣。"而克里希那穆提在谈到冥想时说，冥想的本质是与被冥想之物的合二为一。他这样用大自然举例子：譬如清晨起床时你看到窗外的晨曦、远山和水面的波光，一言不发地观赏这惊人的美景，心里连说"好美"之类的念头都没有，就只是全神贯注地观察，你的心便是彻底寂静的。否则，你就无法真的观察或倾听。因此，冥想就是一种全观或空寂的心境。只有在这种心境之下，你才能看到一朵花的美以及它的色彩和形状，这时，你跟那朵花之间的距离已经消失了。但这并不意味着你认同了那朵花，而是你和那朵花之间的距离或时间感不见了。只有当你的心中没有任何念头或自我中心感时，你才能清楚地、全神贯注地觉察。这便是冥想。

古往今来的作家、诗人，无一例外都在自然中获得了灵感与超越。越靠近自然万物就越接近内在小孩。大自然之所以对内在小孩有疗愈作用，有以下几个原因。

1.人类本就是大自然的一部分。只是人类总傲慢地把自己凌驾于万物之上，甚至不停地破坏大自然。就像本书一开始说的，原初内在小孩就像田野里的一棵小树，与自然万物本同根同源。故此，回归大自然犹如依偎在母亲慈爱的臂弯里，疗愈是天然的。

2.创伤内在小孩需要一个不被评判的自由空间、无条件接纳的栖息地。自然万物没有任何评判，只有相互依偎、共同生长，一起沐浴雨雪阳光，坦然而安全。

3.大自然让人怀有谦卑的觉知心。抛开一切高高在上、先入为主、行色匆匆、走马观花等功利心与焦灼气，既来之则安之，把内在小孩交给大自然，打开感官，与万物在一起，谦卑地任由大自然洗礼。

第二节　艺术疗法与宠物疗法

与大自然疗法效果类似的还有各类艺术疗法。比如有时候你头脑中会突然涌出一首歌、一个曲调，让其来安抚莫名的情绪——这其实就是运用了**音乐疗法**。再比如有位朋友喜欢画画，他的画不是画，是各类颜色与线条，奇奇怪怪、毫无规律，但他却乐此不疲。他说画画的时刻就是他与内在小孩对话的时刻，那些线条与颜色就是内在小孩的语言——这就是所谓的**绘画疗法**。再比如有个学员爱跳舞，喜欢按当下心情随意播放曲子，然后不停地跳，随心而动。她笑着说"我的舞伴从来不换，那就是小洁（她的内在小孩）"——这就是所谓的**舞动疗法**。还有前面提到的**心灵书写**也属于艺术疗法范畴。其实，每个人都是艺术家，都是自己内在小孩的疗愈师，我们似乎具有天然的创造力，通过建立一套新系统来舒缓创伤。

还有一种相似的疗愈方法叫**宠物疗法**。强烈建议人这辈子要养一只小动物，与它深度在一起。宠物最大的治愈力有四点：第一，它对你没有任何评判，不反驳、不打断、不侵犯、不忽视，无论贫富他都会陪着你，不离不弃；第二，你会用渴望被对待的方式对待它，养它就是养育自己的内在小孩；第三，你可以和它倾诉与对话，而不用考虑说得对不对（比如，我总看到一位老妇人牵着三条狗散步，经过她身边时也总能听到老妇人在与狗狗们说话）；第四，被需要让我们有价值感（因为在实际关系中，我们可能会感到被忽视，有位女士说"在我家狗狗那里，我才算活得有点尊严"）。

【练习：感受一棵树】

想象你就是个孩子，去走近一棵树，这棵树是和你一样的生命，只是模样有所不同。此刻，只有你与它在一起，伸出手放在树干上，轻轻按压、抚摸它，闭上眼睛去感受。感受它的皮肤，感受它的纹理，感受它的温度，感受手掌与树干的接触。想象这棵树的年龄与情绪，想象树干深处的跳动，想象树根的生命力，想象它是如何见证经过的人们、如何见证岁月的痕迹的。然后紧紧拥抱这棵树，它也在拥抱你。抬头看枝丫、叶子、缝隙中的天空、光照，观察它与其他树木之间的微妙联系，听风吹过时它的各种响动。最后与它对话，感谢你们的相遇，感谢它此刻对你的内在小孩的陪伴。

亲爱的读者，在本书结尾处，请找个安静舒适的场合，观察你与内在小孩合二为一，并进行自我发愿，请务必读出声音。

【发愿词】

愿我安详、幸福、身心自在，

愿我平安、远离伤害。

愿我从愤怒、恐惧与焦虑中解脱，

愿我以爱的眼睛看待内在小孩。

愿我接触内在喜悦的种子，

愿我了解期待与妄想的来源。

愿我每天滋养内在喜悦的孩子，

愿我活得清新、安稳与自在。

愿我从羞愧与厌恶中解脱，

愿我保持纯真、保持干净。

愿我与内在小孩同存、同在，

愿在我的世界里，一切安好。

倘若个体不能有意识地面对命运，通常就会被命运束缚。而觉知内在小孩就是有意识本身。觉知越多，意识化程度就越高，就越不容易被命运左右。这本书可作为一部心理成长的工具书，放在案头、枕边，你可以随手翻阅，随时随地训练觉知并养成习惯。相信这会助你轻松应对生活，让你终身受用。

借此后记，也解释一下本书封面的寓意：蓝色代表"觉知"，觉知犹如星空般深远无限。我们要以一颗宁静之心去好奇、去探索、去思考、去感受。黄色代表"包容"，就像大地般安全可靠，象征在觉知过程中对自己的耐心、接纳，一步一个脚印。女孩代表"内在小孩"，影子代表"创伤"，牵手代表"和解"。它们象征内在小孩与创伤的握手言和，并重启不内耗的人生，更好地活在当下。"其实是你的情绪进入了死胡同，而不是人生进入了死胡同"，这句话出自余华老师。它提示我们很多时候情绪、关系、念头、行为只代表当下它们本身，而绝非全部事实真相。你要做的是去探索与觉知，而不是把它们泛化为你的人生、你的未来、你的一切。

最后，感谢我的每一位来访者与学员，是你们成就了这本书；感谢策划编辑陈素然女士及其同事，是你们让这本书得以完善与出版；感谢我的家人，是你们给了我书写的动力；感谢我自己的内在小孩，我会永远与你同在！

冰千里